AF382737

Helmut Kropp

Ich war noch nie in Hammerfest

Nordische Kreuzfahrt - ganz anders

mit dem Hurtigrutenschiff

Impressum

Copyright 2019 Helmut Kropp

Herstellung und Verlag
BoD – Books on Demand, Norderstedt

ISBN 9783750424289

Vorwort

Nach einer etwas längeren Abstinenz bin ich nun
wieder mit einem Schiff in den Urlaub gefahren.

Einige der üblichen Kreuzfahrtschiffe von Aida, MSC
und Costa und ihre dazu gehörige Reiserouten samt
Landausflügen kannte ich schon, wie auch das Leben
an deren Bord, da brauchte ich keine neue Entdeck-
ungsreise dieser Art mehr.

Norwegen: Hurtigruten

Aber auf der "Postschiffroute", der Linie Hurtigruten,
war ich noch nicht gefahren, das hörte sich interes-
sant an. Der norwegische Name ist auch im
Deutschen gut verständlich, "hurtig" ist ja schon fast
deutsch und heißt "schnell" und "rute" soll "Strecke"
sein. Seit 125 Jahren fahren schon diese Schiffe.

In Gegenden Norwegens, wo es weder Landstraßen
noch Bahnstrecken gibt, nur mehr Meer und Inseln
und wo trotzdem vereinzelt Einwohner siedeln, da ist
deren Versorgung wohl kreativ mit Postschiffen und
ggf. anderen Wasserfahrzeugen zu lösen. Der Hurtig-
ruten-Reisende wundert sich schon, wenn er da mit
dem Postschiff durch einen einsamen Fjord fährt und
am Steilufer eine Reihe Häuser, weiß gestrichen,
entdeckt. Wie kommen da die Leute hin? Wohl kaum

mit Wasserflugzeugen. Ab und zu sieht man dann dort ein Motorboot, oft an Land gezogen.

Sieht man auf die Landkarte nördliches Europa, da fällt die Westküste Norwegens auf: unheimlich zerklüftet, zahllose größere und kleinere Inseln, zumeist aus Granit, von Süden ab Stavanger bis zum Nordkap oder Hammerfest im Norden, jenseits des Polarkreises.

Diese Westküste Norwegens wird nun von dem Postschiff-Unternehmen "Hurtigruten" mit insgesamt 15 Schiffen versorgt, die ständig unterwegs sind. Heute braucht man ja bloß ins Internet gucken: www.hurtigruten.de, um alle Schiffe, deren Positionen und deren Details erfahren.

Es gibt dazu ein schönes Werbe-Foto, das zeigt einen Fjord und darin ein Schiff der Flotte aus der Vogel-perspektive. Wenn man nun mit Hurtigruten verreist, kann man dieses Foto vergessen. Man findet sich bei dieser Reise immer an Bord des Schiffes und nie in einem Flugzeug über dem Fjord!

Start der Hurtigrutenreise ist in Bergen, von dort gehts nach Norden über den Polarkreis hinaus bis Kirkenes, schon fast in Russland, und dann wieder zurück nach Bergen. Das sind zusammen 4875 Kilometer (via Geirangerfjord). Seebären sagen dazu jedoch 2598 Seemeilen.

In 2020 soll es auch einen Start in Hamburg mit dem neuen Schiff MS Fridtjof Nansen geben.

Selbstverständlich kann man auch auf Teilstrecken mitfahren, sogar die Mitnahme eines PKW ist grundsätzlich möglich.

Einen wesentlichen Vorteil haben diese Postschiffe auf der Norwegen-Route: Es gibt keinen, für Kreuzfahrt-Passagiere kostentreibenden "Seetag" an Bord, jeden Tag sind zweckentsprechend mehrere Anlandungen vorgesehen.

Manche dauern nur 15 oder 30 Minuten, andere z.B. 1-2 Stunden. Oft kann man - nach Vorzeigen der Bordkarte - das Schiff verlassen und sich in diesem Zeitrahmen ein wenig z.B. in der gerade angelaufenen Stadt umsehen. Das ist großartig!

Schiffe

Im Internet sind alle derzeit in Betrieb befindlichen Schiffe der Hurtigruten mit allen wichtigen technischen Daten verzeichnet.

Hurtigruten gibt auch eine Liste heraus: "Hurtigrutenschiffe, denen wir begegnen" und sie beginnt z.B. für die MS Finnmarken am 2.Tag mit der "MS Polariys" Bj.1996, Uhrzeit ca.um 5:35 h, in Berlevåg kommt es laut Plan zum Treffen mit sogar zwei Schiffen "MS Nordkapp" Bj.1996 und wiederum die "MS Polariys" ca. 22:00 h.

Das merkt der Reisende dann am lautstarken Signalhorngebrüll, dem "Typhon", zur (lautstärke- und tonhöhenmäßig amtlich geregelten) Begrüßung. Je größer das Schiff, umso tiefer und lauter muss der Ton sein. Ein kleines Motorboot darf auch eine Autohupe haben...

Landausflüge

Wie bei den meisten Landausflügen gilt auch hier: auf anderen Wegen kommt man dort kaum hin.

Zu berücksichtigen ist bei dieser Postschiffroute ferner, dass die Stationen (Anlandungen) bei Hin - und Rückreise unterschiedlich sein können, sowohl was den Ort als auch die Liegezeit im Hafen betrifft.

Daher gibt es die Möglichkeit unterschiedlicher Landausflüge, einmal "Nordgehende Landausflüge" und einmal "Südgehende Landausflüge" und die Reise nach Kirkenes und wieder zurück hat schon ihren Sinn.

Einige dieser Ausflüge sind aber auch abhängig von der Jahreszeit: In der stockdunklen Polarnacht zu

Mittag sind einige Besichtigungen wohl nicht attraktiv,
von der Schneelage einmal abgesehen.

Es gibt jedoch auch sportliche Landausflüge, wie z.B.:

- Kajaktour am Nidely
- Waldwanderung mit dem Ausflugsteam
- Bergwanderung in Honningsvag
- Schlauchbootfahrt im Saltstraumen
- Die Lofoten mit dem Pferd
- Trondheim mit dem Fahrrad
- Schneeschuhwanderung in Tromsö
- Schneemobil-Safari
- Quad-Safari zur russischen Grenze
- usw.

Und dann gibts noch folkloristische Ausflüge:

- Lofotr Wikingerfest
- Besuch eines Bauerhofes auf den Lofoten
- Besuch bei den Huskys
- Besuch in zwei Fischerdörfern
- Sami-Kultur
- Samischer Herbst
- usw.

Reisebuchung

Jeden Tag sticht also ein Hurtigrutenschiff von Bergen aus abends Richtung Norden in See, am Nachmittag kommt ein anderes in Bergen an.

Vor dem Fahrtantritt steht das Buchen einer passenden Verbindung, bei einem Reisebüro (das war hier die Firma "Zeiträume-Reisen").

Auch an eine sofort wirksam werdende Reiserücktrittskosten-Versicherung samt Reise-Abbruchversicherung (hier EUR 110) wie an eine Auslands-Krankenversicherung war zu denken, besonders, wenn man lange vor dem Reisetermin schon bucht. Da könnte ja in der Zwischenzeit was passieren.

Gleich der erste Versuch, ein Angebot vom 17.08.2018, also über ein Jahr vorher, war jedoch voll daneben: 5.4.2019 bis 16.04.2019, mit Linienflug nach/von Bergen, für 1 Person, EUR 1791,00. Schiff MS Lofoten, laut Beschreibung: "mit dem ursprünglichen Postschiff-Charakter, ist als eine der wenigen auch mit Einzelkabinen ausgestattet, Dusche/WC befinden sich auf dem Gang..." Also ein altes Schiff ohne Dusche/WC auf der Kabine, nein danke. Aus dem Jugendherbergsalter bin ich heraus...

Nächstes Angebot: Reisedatum 13.4.2019, MS Nordkapp, EUR 2696 mit Flug für 1 Person in der üblichen Zweibettinnenkabine, genannt "POLAR Innenkabine", da fröstelte mich schon beim Lesen.

Auch die MS Richard With von 6.04.-17.04.2019 war mit EUR 2705,-nicht gerade ein Schnäppchen.

Schließlich endeten wir bei einer BASIC Innenkabine der MS Finnmarken und EUR 2031 von 7.10.2019 bis 18.10.2019, jedoch schon gebucht am 22.08.2018 und 20% waren sofort anzuzahlen. Das heißt aber: Nun passierte nichts mehr, über ein Jahr lang!

Dazu ist anzumerken, dass die Kosten für die Ausflüge noch dazukommen.

MS Finnmarken

Das Schiff MS Finnmarken ist Baujahr 2002 (die Jahreszahl zeigt auch die Schiffsglocke vorne am 5.Deck) und hat eine Kapazität von 1000 Passagieren/628 Betten. Das bedeutet, dass für etwa 372 Passagiere keine Kabine, dafür aber nach freier Wahl bequeme Stühle in den diversen Salons und Aufenthaltsräumen des Schiffs vorgesehen sind. Wer nur 1-2 Stationen mitfährt, braucht auch meist keine Kabine.

MS Finnmarken ist 139 m lang und 21,5 m breit. Es ist das dritte Schiff, das diesen Namen trägt. Es hat 35 Autoabstellplätze und ist 15 Knoten schnell (gleich etwa 28 kmh): welch eine beruhigende Geschwindigkeit! Aber am Wasser ist halt alles anders.

Das Schiff soll übrigens in 2020 komplett überholt werden.

Der Name leitet sich von der Finnmark ab, der größten Region Norwegens: 49.000 Quadratkilometer, Bevölkerung 73.500. Früher als der äußerste Norden der Welt angesehen, wurde damals der reichlich vorhandene Fisch gegen Getreide gehandelt. Der größte Bevölkerungsteil war somit im Primärbereich tätig. Erst nach dem 2.Weltkrieg erblühte der Dienstleistungssektor. Durch die Entdeckung der Erdöl- und Erdgasfelder im Nordmeer und in der Barentsee wächst die Wirtschaft nirgendwo in Norwegen so rasch wie in der Finnmark.

Die Finnmark ist die Heimat der Urbevölkerung der Samen. Samen sagt man heute, früher waren das die Lappen in Lappland, aber dieses Wort darf man heute nicht mehr verwenden.

Nun gehts aber los!

Anreise

Im Angebot war auch eine An- bzw. Abreise nach Bergen mit dem Flugzeug (hier KLM) enthalten. Leider nicht direkt, sondern München-Amsterdam-Bergen

und zurück, Preis je Richtung 255 Euro, inklusive
Bahnfahrt zum Flughafen und zurück bzw. in Bergen
inklusive Shuttlebus zum Hafen zum Schiff.

Das gefiel mir gar nicht, bedeutete das doch, sich
viermal in die Economy-Class zu quetschen und dann
etwa 1 1/2 h eingeklemmt zu sitzen. Als dann die
Tickets bzw. die Reiseunterlagen mit der Post kamen,
war mir, Ehrensache, zum Überfluss noch jedes Mal
der Mittelsitz zugewiesen worden!

Schon vor der Buchung hatte ich mir im Internet eine
mögliche Bahnverbindung anzeigen lassen: München
- Bergen, das bedeutet dann aber einen Reiseweg
München - Hamburg - Neumünster - Flensburg -
Kolding - Kopenhagen - Göteborg - Oslo - Bergen!
Dauer zusammen 38 Stunden 52 Minuten, davon 10
Stunden Umsteigezeit. Mit dem Zug kann man in
Norwegen von Oslo bis Trondheim und weiter bis
Bodø fahren, aber dann ist Schluss, höher hinauf in
den Norden fährt dort keine Bahn.

Dabei ist die Bergen-Bahn von Oslo nach Bergen
touristisch hochinteressant, ein Abzweig führt in Flam
hinunter zum Meer (die berühmte Flambahn).

Alarmiert durch eine Bekleidungsempfehlung von
Hurtigruten hatte ich dann doch sicherheitshalber
auch warme Stiefel und Anorak dabei - die habe ich
aber nicht gebraucht. Das hat aber mein Gepäck auf

einen Rollkoffer groß zum Aufgeben und einen Rollkoffer klein puls Rucksack zum Mitnehmen in die Kabine erhöht.

Dann konnte man schon einen Tag vorher im Internet einchecken.

Montag, 7.10.2019: Anreise, Bergen

So war ich dann, mit diesem großen Gepäck, mit der S-Bahn wie gefordert, am Montag, den 7.10.2019 zwei Stunden vor Abflug um 11:50 h am Münchner Flughafen, ganz weit draußen im Terminal 1.

Dort feierte die KLM gerade ihren 100.Geburtstag und es gab für jeden ein Glas Sekt vor dem Boarding. Zugleich wurden wir alle aufgefordert, freiwillig unser Bordgepäck aufzugeben, mit der Begründung, der Flieger sei voll und jeder Passagier hätte drei Handgepäckstücke.

Das Essen an Bord der KLM war recht mickerig: ein Stück Kuchen und ein kleiner Plastikbecher mit einem stillen Northern Wales English Water, in einem Lunchpaket verpackt. Ich frage nach einem Tomatensaft, den gab es erfreulicherweise und er war kalt und sehr gut! Auf dem Plastikbecher dazu waren ein Holzschuh, ein Fahrrad und eine Tulpe aufgedruckt, um dessen holländische Herkunft nachzuweisen...

Ab Amsterdam gab es dann wieder das beschriebene Getränk und dazu einen "Wrap" mit Gemüse drinnen.

Tag 1 Montag 7.10.2019

Mit mäßiger Verspätung landete dann der Flieger in Amsterdam, es war der Abflugsteig nach Bergen zu suchen, der war dann wieder ekelig weit weg, dann ging es aber schon mit Verspätung weiter.

Aber da war doch ein großer Zeitpolster in Bergen bis 21:30 h, man konnte, dort um 17:05 h gelandet, noch bequem im Duty-Free-Shop einkaufen und dann mit Gepäck zum Hurtigrutenbus pilgern.

Die Zollabfertigung in Bergen war nicht besetzt, niemand interessierte sich dafür, ob wir vielleicht gar 5 Flaschen Whisky für die Seereise einführen....

Ich hatte mir zuvor für 200 EUR norwegische Kronen (Kurs etwa 1:10) bei meiner Bank besorgt. Bei der Bank gabs natürlich nur Scheine, aber als ich dann einen davon wechselte, gabs als Rückgeld eine Überraschung, eine norwegische Krone (Wert etwa 10 cent), die hatte ein Loch! So konnte ich mir das Bargeldabheben bei Automaten samt deren Gebühren sparen.

Man konnte jederzeit mit den üblichen Kreditkarten (VISA, MASTERCARD) ohne PIN bezahlen. Nur die

Euro-Card mit PIN wurde - wie in den skandinavi-
schen Ländern üblich - nicht angenommen!

Die Fahrt zum Hafen war bemerkenswert. Der Bus
passierte bei der Abwärtsfahrt zum Meer hinunter
mehrere Tunnels durch Berge, eng und einspurig,
aber dann waren wir rasch vor dem großen Hurtig-
ruten-Hafengebäude, das den Einstieg in die MS
Finnmarken im 5.Oberdeck über eine Brücke
ermöglichte.

Zuvor war jedoch Schiff-Einchecken (mit dem Pass!)
gefragt, dann gab es auch gleich die Bordkarte
"Cruise Card" für fast alle Zahlungen an Bord, die
jedoch mit einer Kreditkarte zwecks Endabrechnung
gestützt werden musste.

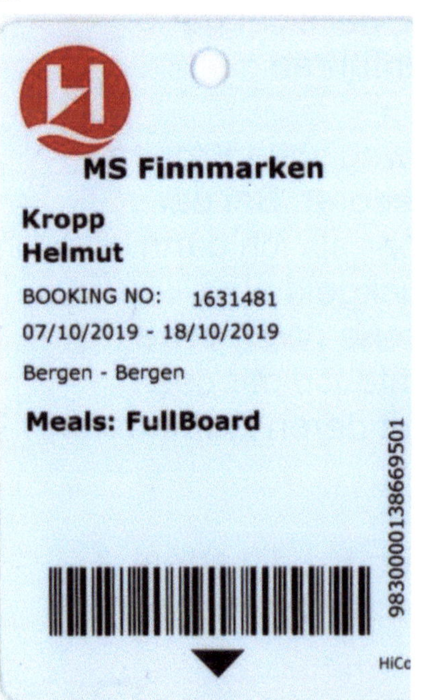

Jedes Mal beim Betreten
oder Verlassen des Schiffs
war die Cruise Card
vorzuzeigen und wurde
eingescannt.

14

Ein letzter Kampf mit den Koffern: dann war ich in meiner Innen-Kabine 316 im 3.Oberdeck der MS Finnmarken, an der Bugseite des Schiffes (vorne).

Dieser Ort war auch zugleich sehr ruhig. Hurtigruten weist darauf hin: Da Hurtigruten-Schiffe Arbeitsschiffe mit Ladeaktivitäten sind, kann es besonders beim An- und Ablegen sowie beim Be- und Entladen zu Lade-geräuschen, aber auch nachts zu Beeinträchtigungen durch Lärm und Vibrationen kommen. Ich habe dann auch festgestellt, dass dieser Lärm hauptsächlich im Heckbereich auftrat.

Diese Behausung hat mir auf Anhieb gut gefallen, sie war sauber, hell erleuchtet, war zwar nicht groß, aber alles da, was man die nächsten 12 Tage benötigte. Das fixierte 2.Bett (B) über dem Bett auf ebener Erde (A) war nur geringfügig behindernd (beim Niederlegen), Toilette, Dusche, Staumöglichkeiten bestens.

Auch für die Zahnputzgläser war der Platz mit (A) und (B) eindeutig gekennzeichnet. In der Duschkabine war sogar eine Wäscheleine, aus einer Box herausziehbar, da konnte man seinen Anorak aufhängen und trocknen. Unter der Duschtasse war eine Heizung, die man gesondert einschalten konnte.

Es gab auch ein Schließfach zum Aufbewahren von Wertsachen, mit Codeschloss, die habe ich nicht gebraucht. In einer Lade des Schrankes fand ich auch

die obligate Gideon-Bibel, allerdings nur in norwegischer und englischer Sprache.

Die Toilette hatte eine kräftige, dynamische, wasser-
unterstützte Absaugung. Wenn man den Knopf
drückte, dann war der Lärm groß, a la Wilhelm Busch:

"Rrrumms, da geht das Häusl los
 mit Getöse schrecklich groß!"

Eine Tüte "Reisesykepose" lag noch herum, das war
also für eine eventuelle Seekrankheit gedacht, ich
brauchte sie nicht und die meiste Zeit lag das Schiff

doch recht ruhig. Ich nahm eine der Kotztüten für meine Tochter mit, die hat davon eine Sammlung!

Es gab auch einen Telefonapparat am Nachtisch, aber mit dem konnte man nicht zu Hause anrufen. Er hatte eine Sondertaste: wenn man die drückte, konnte man die sonst nur am Gang vernehmbaren Lautsprecherdurchsagen im Zimmer hören. Diese waren in norwegischer, englischer und fast auch immer auch in deutscher Sprache. Ich war ja da nicht verwöhnt, im Mittelmeerraum hatte ich immer nur italienische Ansagen.

Ganz großartig: ein eigener Temperaturregler für die gesamte Kabine 316 von 15..30 Grad C.

Was ich bisher auch in meiner Schiffskabine hatte: Bei Hurtigruten gab es am Zimmer einen frei zugänglichen, funktionierenden Kühlschrank, jedoch ohne kostenpflichtigen Inhalt.

Der Türholm im Bad hatte ein eigenartiges Metallteil angeschraubt. Bis ich draufkam: das war ein Flaschenöffner!

Ein Behälter mit flüssiger Seife ARCTIC PURE GG833N von Buckthorn & Birch war beim Waschbecken vorhanden, im Bad eine HAIR AND BODY LOTION von Christberg & Birch.

Ein Aushang betraf das Laden von Handys etc., das
durfte nicht in der Kabine erfolgen, wenn man nicht
anwesend war. Natürlich waren die sicherheitstech-
nischen Schiffsansichten mit dem Rettungsweg an der
Tür angeschlagen.

Die obligate Anweisung, Handtücher nur dann auf den
Boden zu legen, wenn man sie ausgetauscht haben
wollte, wurde bei Hurtigruten mit dem Hinweis unter-
stützt, dafür gehe jedes mal 5 NKR an die Hutigruten
Foundation...

Im Gegensatz zu den Kreuzfahrtschiffen hatte
Hurtigruten erfreulicherweise keine automatische
Abbuchung von z.B. 7 EUR Trinkgeld pro Tag, es sei
denn, man widerspreche. In ganz Norwegen wird nur
in besonderen Fällen Trinkgeld gegeben.

Nur der Fernseher fehlte, da waren nur mehr die
Löcher in der Wand oberhalb des Schreibtisches.
Doch der Fernseher ist mir nie abgegangen, wenn ich
Sehnsucht nach fern sehen hatte, ging ich an Deck,
dort gab es ein 24-Stunden-Programm mit Meer!

In der Früh war dann ein roter oder grüner Karton in
den Kartenschlitz der Türe außen zu stecken, je
nachdem, ob das Zimmer noch nicht oder schon vom
Service aufgeräumt werden konnte.

Aufgrund der Spardiät der KLM hatte ich mächtig Hunger und wanderte daher sofort zum allgemeinen Buffet-Selbstbedienungsrestaurant am 4.Deck, das ab 17:30 h bei freier Platzwahl geöffnet wurde. Am Weg dorthin fielen mir die prächtigen Bodenbeläge in den Fluren auf.

Die Bordkarte war beim Eintritt in das Restaurant vorzuzeigen, denn es gab auch Fahrgäste ohne Vollpension.

Es gab im Restaurant sogar einen eigenen Tisch für die Offiziere samt Kapitän an Bord, also kein eigenes Offizierskasino.

An Bord wurde Vollpension (Frühstück, Mittagessen als Buffet, Abendessen mit 3 Gerichten), manchmal auch abends Buffet, geboten.

Das war ganz großartig! Im Gegensatz zu der Ankündigung des Reisebüros gab es Kaffee, Tee, Fruchtsaft zu den Buffet-Mahlzeiten gratis. Jedoch: Hatte man sich abends zum Dinner auf den zugewiesenen Platz gesetzt, kam die Bedienung. Man konnte die Weinkarte verlangen, da waren doch einige Sorten zur Auswahl aufgeführt. Allerdings ohne die Mengenangabe: war die dort aufgeführte Flasche nun 0,7l oder 1l? Und bei offenen Weinen: war das 0,5l, 0,25l oder was?

Es klärte sich auf: wenn man kein Bier (0.33l 110 NKR) oder keinen Wein (150ml ab 110 NKR) wollte, brachte die Bedienung ohne Murren ein Karaffe mit Wasser, kühl, beste Qualität, da an Land abgefüllt und nicht per Meerwasser-Entsalzung/Ionen-Osmose wie bei Kreuzfahrtschiffen gewonnen.

Die Buffet-Speisenauswahl war sehr gut, es gab
immer eine Suppe, Brote und Semmeln, offene Butter,
Wurst, Salate fertig oder zum Selbermischen, jedes
Mal ein Fisch- und mehrere Fleischgerichte, Kartoffeln
in verschiedener Zubereitung, Kartoffelbrei, Knödel,
Reis etc. und eine Auswahl an Süßspeisen, Pudding,
Eis. Am Ankunftstag an Bord wählte ich mir eine (sehr
gute) Fischsuppe, und Lasagne.

Wem das zu wenig exklusiv war, der konnte in das a-la-carte "Babettes Restaurant" am 7.Deck gehen und dort "preiswert" Hummer, Königskrabben usw. bestellen...

Noch am selben Tag war dann die obligatorische See-Sicherheitsübung am Deck 4 vorne: 7 mögliche Termine, jeder musste teilnehmen!

Tag 2 Dienstag, 08.10.2019

In der Nacht hatten wir nach dem Ablegen des Schiffes um 21:30 h die Anlegestellen in Florø, Måløy und Torvik passiert, Aufenthaltsdauer nur jeweils 10 Minuten. Dann waren wir in Ålesund, einer netten Stadt mit im Jugendstil gebauten Häusern.

Das Schiff legte also in Ålesund am Kai an. Dazu wartete ein Mitarbeiter an Land und der bekam vom Schiff aus eine Leine "zugeschossen". An der hing eine dickere und daran wiederum die eigentliche Ankertauschleife. Diese musste er um den Poller legen, dann zog sich das Schiff an die Kaimauer (ausreichend alte Riesenautoreifen dazwischen). Meist waren dazu 3 Taue notwendig, jedoch kein Anker. Diese Prozedur war dann bei jedem Anlegen zu sehen und auch das Ablegen des Schiffes war rasch und unkompliziert abgewickelt.

Für PKW   für Fracht

Ladeklappe
Passagiere

Dann wurden 2 Ladeklappen aus dem Schiff vom 2.Deck aus auf die Kaimauer geklappt, eine breite für den Gabelstapler und seine Güter, eine schmälere für die Autos zur direkten Aus- bzw. Einfahrt. Eine weitere Klappe mit Treppe erschien aus dem 3.Deck, die war dann für die Passagiere, die in der Rezeptionshalle warteten. Sie konnten vorher dazu über eine "BOW CAM" (Bugkamera) auf einem Fernseher sehen, wie das Schiff fuhr.

Um 10:15 Uhr legte die MS Finnmarken ab zu einem Abstecher in den Hjørundfjorden. Dort startete dann der Ausflug "Eine Kostprobe Norwegens". Mangels

Kaianlagen dort lag die MS Finnmarken "auf Reede" (so nennt man einen Ankerplatz "zum Warten" im Meer), und ein Boot holte uns von der Ausstiegsluke im 2.Deck des Schiffes ab.

Vom eindrucksvollen Hjørundfjord führten uns Busse zuerst zum Hotel Union Øye im Norangsfjord, wo es was zum Essen gab, serviert von Kellnerinnen in Tracht. Das Hotel im alten Stil hatte zahlreiche berühmte Besucher gehabt, wie z.B. Kaiser Wilhelm II., Wilhelmina von Holland, König Oscar II von Schweden, König Olaf oder Ibsen und ist eine Sehenswürdigkeit.

Restaurant Hotel Union Øye

Die Straße durch den Norangsfjord hat einige Lawi-
nenschutzdächer. Diese aber nur einspurig, eine Spur
außen, eine innen. Da es nur wenig Verkehr dort gibt,

mutet man dem Autofahrer zu, ggf. den Gegenverkehr abzuwarten, wenn viel Schnee liegt. Denn es wird nur die Tunnelstrecke geräumt.

Dann befuhren die Busse das Norangstal, das 1908 durch einen Bergsturz zu einem eigenen See (den Lyngnstøyvatnet) kam, noch einige ältere (historische), verlassene landwirtschaftliche Hütten hat und wir besuchten dann Urke, einem Dorf mit 53 Einwohnern, aber mit "Posten", Bank und Dorfladen (Urke Landhandel AS) und besorgten uns einige Andenken.

Dann gings mit Bus und Tenderboot zurück zu unserem Schiff, und über Ålesund wieder auf die Hurtigrute.

Wenn man von den Ausflügen zurück aufs Schiff kam, war zumeist ein "DAILY REVIEW mit Expeditions-Team im Konferenzraum vorne auf Deck 4" vor-gesehen. Wenn das im deutschen Text des Tages-programms stand, war es auch in deutscher Sprache.

Der Saal war voll, vorne stand dann ein Reiseleiter (Expedition Team) und erzählte ein wenig über den Tag und mehr und machte vor allem zahlreiche Witze, was sein Publikum offenbar sehr schätzte.

Das Abendessen war dann ein "Dinner", also keine Selbstbedienung, mir wurde ein Platz am 3er-Singel-tisch Nr.34 zusammen mit einem Herrn und einer Dame zugewiesen und dann wurden drei Gänge aufgetragen: Carpaccio mit 1mm Salatstreifen, Reh-braten mit Kartoffeln und Weinsauce, und ein kleiner Eisbecher mit süßer Sauce.

Mir hat das nicht besonders geschmeckt, die anderen Singles haben viel übrig gelassen. Zum Trinken brachte uns der Kellner das erwähnte Hurtigruten-Wasser.

Bow Cam
MS Finnmarken

In der Nacht passierte das Schiff dann Molde und Kristianssund und war am Morgen in Trondheim.

Tag 3 Mittwoch 9.10.2019

Vor Trondheim, das früher Nidaros hieß, liegt eine längliche Insel im Meer, die Führerin erklärte uns, die sei für militärische Zwecke vorgesehen gewesen.

Ich hatte den Ausflug "Trondheim und Nidaros-Dom" gebucht. Der Bus brachte uns in die Stadt Trondheim (200.000 Einwohner) und zum Nidaros-Dom. Die Stadtrundfahrt war nett, es ging hinauf auf einen Hügel, von dort aus konnten wir unser Schiff, aber auch schon den Dom und die Straßenbahn und Buslinien sehen, die wie Straßenbahnen aussehen. Trondheim ist Universitätsstadt, man zeigte uns viele Häuser, die alle dazu gehören, alle weiß gestrichen und höchstens einen Stock hoch.

In der Stadt unten konnte man die Bahnlinie Oslo – Bodø sehen.

Der Nidaros-Dom in Trondheim ist Bischofssitz und der einzige Dom in Norwegen, mit einer langen Geschichte. Er hat nur kleine Fenster ganz oben, ist also finster und muss umfänglich beleuchtet werden. Fotografieren oder Filmaufnahmen sind dort streng verboten. Der Dom ist seit 1537 der in Norwegen üblichen protestantischen Religion zugeordnet und kostet Eintritt. Die Rückfront ist bemerkenswert, an deren Außenseite sind zahllose Statuen von Heiligen und wichtigen norwegischen historischen Persönlichkeiten zu sehen.

Der Dom hat zwei Orgeln, hinten beim Eingang eine Steinmeyer-Orgel mit gewaltigen 32 Fuß-Basspfeifen aus Zinn, vorne oben in einem Seitenschiff eine zweite Orgel von Wagner.

Zum Dom gehört eine gut sortierte Andenkenhandlung, dort kaufte ich mir drei CDs der Orgeln und einen Führer in deutscher Sprache. Der Verkäufer war davon so eingenommen, dass er mir einen weiteren Führer in englischer Sprache schenkte!

Wir bekamen eine Führung durch den Dom, durch einen 2m großen Studenten in einem grauen Sackkleid, in deutscher Sprache. Er erzählte uns von König Olaf, so um 1150 n.Chr., der irgendwo in der Kirche begraben liegen soll, und der den Dom gegründet hatte.

Damit war der Trondheim-Besuch zu Ende, der Bus brachte uns zum Schiff zurück, wo gerade die Landerampen eingezogen wurden, um 13:15 h war Abfahrt.

Der Nidaros-Dom in Trondheim

An Bord der MS Finnmarken gab es für mich zum
Buffet-Mittagessen: Salat, selbst angemacht, Blumen-
kohlsuppe, Kuchen und Eis. Ich buchte zusätzlich für
den nächsten Tag den Ausflug "Bodø und Saltstraumen".

Im Bordshop kaufte ich Ansichtskarten samt Porto: Ich
hatte bei der Rezeption am 3.Deck einen roten Brief-
kasten (Mailbox) entdeckt, mit der Aufschrift "Daily".
Das Schreiben von Ansichtskarten ist je im Zeitalter
des Foto-Smartphones fast gänzlich aus der Mode
gekommen, dagegen wollte ich was tun. Die Empfän-
ger jedenfalls waren über die eingehenden Postkarten
sehr erfreut, auch wenn das erst 3 Wochen nach
meinem Reiseende war.

An Bord gab es kein Internet-Cafe. Bei der Rezeption
hatte ich aber ein Angebot gesehen: "Internet Access
1 day 60 NOK". Das wollte ich nutzen, um meine
emails abzurufen. Da es die WIFI-Anleitung nur in
norwegischer Sprache gab, verlangte die freundliche
Rezeptionistin mein Smartphone und stellte es ein,
das war nett von ihr und erfolgreich und ich konnte
meine T-Online-Emails abrufen. Allerdings nervte
mich die kleine Text-Darstellung bzw. die nur Teildar-
stellung bei Vergrößerung, so dass ich mich mit dem
eintägigem Access begnügte und nur die wichtigsten
Sachen erledigte.

Wieder zu Hause angekommen, buchte das Gerät
dann in mein Netz von T-Online ein, das probierte ich
noch aus, aber am PC waren die Emails doch viel
komfortabler zu bearbeiten.

Fürs Telefonieren hatte ich mein Vodafone-Handy
dabei, das buchte sofort bei „Telenor" ein und
funktionierte die ganze Reise über sehr gut: die
Feldstärkeanzeige war die gesamte Hurtigrutenreise
lang immer da und die Kosten waren erträglich..

Dann war das Dinner (Abendessen) dran, mit
Bedienung ohne Buffet. Dies wurde an Bord
"Norway´s Costal Kitchen" genannt, ein umfänglicher
Marketing-Gag, es gab dazu am Tisch eine Tages-

karte mit ausführlicher (auch deutscher) Beschreibung.

Diese Speisekarte norwegischer Spezialitäten gab es
fast jeden Abend, außer es gab ausnahmsweise
abends auch Buffet. Diese soll hier beispielhaft für
den 3.Tag komplett dargestellt werden:

1.Gang:
Gerstensuppe mit Petersilöl
Das war eher ein amuse geule: wenig Suppe aus
kleinen Gemüsewürfeln in einer schwachen Brühe

Norway´s Costal Kitchen:

"Die Gerstensuppe hat eine lange Tradition. Es gibt so
viele Varianten dieser Suppe wie es Familien in
Norwegen gibt. Was in der Suppe verwendet wurde,
war oft das, was man gerade zur Hand hatte. Bei
Hurtigruten dreht sich alles um Nachhaltigkeit, und die
von uns verwendeten Produkte haben einen positiven
Einfluss auf die Umwelt. Wir haben uns daher
entschieden, diese Suppe zu einem vegetarischen
Gericht zu machen. Allergene: G (Gerste),S."

- Lachs aus Aukra mit lauwarmen Kartoffelsalat mit
  aufgeschlagener saurer Sahne, Dill und Zitrone

Ein rotes Riesenlachsstück, gemessen an unseren
Gewohnheiten, mit Haut (!) ohne Fischgeschmack

und Geruch, darunter (= "an") Kartoffelscheiben und
1mm breite Gemüsestreifen in Sauce

Norway´s Costal Kitchen:

"Norwegischer Lachs wird in die ganze Welt expor-
tiert, und es ist nicht schwer zu verstehen, warum das
so ist. Der Geschmack ist einfach ausgezeichnet, die
Textur ist fest und zart, die Farbe kann nur als außer-
ordentlich beschrieben werden und seine Nährwerte
sind hervorragend. Der Lachs, der heute serviert wird,
wurde in Trondheim an diesem Morgen an Bord ge-
nommen und ist somit absolut frisch.
Allergene: F, M, S."

- Tjukkmjølk - Pudding, gerührte Himbeeren

Ein Pudding in kleiner Schale mit Marmelade

Norways´Costal Kitchen:

"Tjukkmjølk ist ein traditionelles Sauermilchgetränk,
dessen Ursprung wahrscheinlich bis zu den Wikingern
zurückreicht. Tyjkkmelk ist dank der einzigartigen
Lactobacillus-Kultur sehr lange haltbar und war in der
Vergangenheit ein wichtiger Bestandteil der Ernähr-
ung in Norwegen, besonders im Sommer.

Allergene: M, N (Haselnüsse)."

Den Lachs habe ich gegessen. Aber: Ich stellte fest: wären derartige Gerichte am Buffet angeboten, würde ich sie "sicherheitshalber" liegen lassen und was anderes nehmen.

Norway´s Costal Kitchen hatte aber noch eine weitere Story auf der Dinner-Speisekarte:

"Vor ein paar Jahren kam die Molkerei Røros in eine große Notlage. Plötzlich war ihre Dickmilch nicht mehr dick. Was auch immer die Mitarbeiter versuchten, nichts schien zu helfen. Schließlich waren alle essenziellen Bakterienkultur aufgebraucht, die man über einen längeren Zeitraum verwendet hatte. Ein Hilferuf ging an die Öffentlichkeit, auf der Suche nach Norwegern, die noch Tjukkmjølk zu Hause hatten. Jeder, der eine positive Rück-meldung gab, wurde gebeten, das Produkt zur Fabrik zurückzuschicken. Es ging eine unglaublich hohe Zahl an Rückmeldungen ein und nach einiger Zeit konnte eine aufgetaute Kultur genutzt werden, um die Produktion wieder in Gang zu setzen."

Es gab dann auch einen Extra-Verkauf von abgepack-tem Lachs. Ich kaufte so ein 500g Stück und depo-nierte es in dem Kühlschrank meiner Kabine. Der Reiseleiter, der es an Bord verkaufte, meinte, man könne diese Verpackung auch einen Tag ohne Kühlung, also auf der Rückreise, lassen und es würde dabei nichts verderben.

Nach dem Essen, auf dem Weg zur Kabine, entdeckte ich auf dem gleichen, 4.Deck einen Salon, in dem immer nach dem Dinner Kaffee und Tee zur freien Bedienung bereitstanden. Während des Dinners gab es diese Sachen im Restaurant nicht. Das war fein, das nützte ich fast jeden Abend, der "Earl Grey"- Tee dort war sehr gut.

Oft gesellten sich einige Amerikaner dazu und wir plauderten nett miteinander. Alle erzählten mir, Trump sei der bessere Präsident als seine Vorgänger! An Nationalitäten waren die Amerikaner in der Überzahl an Bord, dann kamen die Norweger und dann die Deutschen.

UPGRADE

Das Schiff war nicht voll besetzt, deshalb wurde ein Flyer verteilt, der hieß "Upgrade" und darin wurde eine bessere Kabine z. B. mit Fenster, im Tausch (natürlich gegen Aufpreis) angeboten.

Please contact reception at deck 3 to check availability for upgrade of your cabin

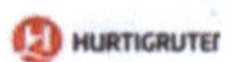

Dann gibt es bei Hurtigruten noch das "1893 Ambassador Programm". Bedingung für den Beitritt ist, dass wenigstens drei Nächte an Bord eines der Hurtigrutenschiffe verbracht wurden. Versprochen werden exklusive zusätzliche Services, Sonderrabatte und Vergünstigungen. Ich konnte somit beitreten, bekam eine Nummer, nun warte ich gespannt, was mir "1893 Ambassador" alles anbietet.

So etwas Ähnliches kenne ich schon von den Mittelmeer-Kreuzfahrten. Eine Familie, die ich dort kennenlernte, erzählte mir, sie seien auch schon einige Zeit in einem derartigen "Frequent Traveller"-Programm und bekämen bei jeder neuen Reise immer ein Glas Sekt extra....

Wir passierten dann in der Nacht Brønnøysund, Sandnessjoen, Nesna und Ørnes, nordwärts gehend jeweils nur mit kurzen Aufenthalten.

Tag 4, Donnerstag 10.10.2019

Frühstück war von 07:00 - 10:00 h vorgesehen.

Doch schon um 10:15 Uhr gab es draußen am Deck 8 die "Polarkreiszermonie". Ich konnte mich diesem Spektakel erfolgreich entziehen.

Trotzdem bekam ich dann am Abend, in das Brieffach bei meiner Kabine eingesteckt, das "Polarsirkel Sertifikat", in englischer, deutscher und französischer Sprache:

"Ich, Njord, Herrscher über alle Meere, gebe hiermit kund, dass Helmut Kropp an Bord MS Finnmarken am 10.10.2019 den Polarkreis überquerte. Hestmannoy, 66° 33' 33", Kapitän Kurt H.Nado. Mögen Glück und ˏ Segen Sie auf dieser Reise und in Ihrem weiteren Leben begleiten."

In Bodø war dann Aufenthalt von 12:40h bis 15:00 h. Es war schon recht frisch und das Thermometer auf Deck 5 zeigt 6°.

In Bodø endet ja die von Oslo kommende Eisenbahn. Ich hatte den Ausflug "Bodø und Saltstraumen" mit dem Bus gebucht.

Vom Reiseleiter erhielten wir eine Dose Meersalz und einen Ohrhörer für den Führungstext.

Da gab es zuerst eine Stadtrundfahrt und dann kamen wir an das Ufer einer mit einer langen Brücke, dann überquerten wir die etwa 3 km lange Wasserstraße, in der es täglich beim Gezeitenwechsel zu einem gewaltigen Wasserstrudel kommt. Wir konnten den Strudel sehen und es gab auch Meersalz aus diesem "Saltstraumen" zu kaufen.

EIN MEERSALZ AUS DEM STÄRKSTEN GEZEITEN-STROM DER WELT; SALTSTRAUMEN!

Etwa nördlich des Polarkreises liegt der Saltstraumen - der stärkste Gezeitenstrom der Welt. Alle 6 Stunden füllt sich die Meerenge mit 370 Millionen Kubikmetern Wasser und bildet den stärksten Gezeitenstrom der Welt. Die donnernden Wassermassen verursachen Überschwemmungen, die 10m breit und 2m tief sein können, und rotieren mit einer Geschwindigkeit bis 20 Knoten in der Stunde!

Arctic Salt hat seine Produktionsstätten «in der Mitte des Essbereiches»; An einem alten Pier, der 1 Meter vom stärksten Strom der Welt entfernt liegt. Hier pumpen sie das klare, wilde Wasser auf, das durch den engen Strom gewirbelt ist, der jedes Mal Strom oder Fähre erzeugt, wenn es fließt. Während einer Ebbe oder Flud-Einstellung, passieren 370.000 Kubikmeter frisches Atlantikwasser das Dock.

Das Wasser wird gefiltert, und dann ist es einfach eine längere Geduldsarbeit, eine ausreichende Menge Wasser auszudampfen, so dass der Salzgehalt ansteigt. Wenn der Salzgehalt im restlichen Wasser ansteigt, bilden sich Salzkristalle auf der Oberfläche. Schließlich werden die Kristalle so groß, dass sie die Wassermembran durchbrechen und auf den Boden des Gefäßes sinken, und dann sind sie reif für die Ernte. Wenn das Salz nicht in der Wanne ist, wird es in zwei Schritten getrocknet, um es so trocken wie möglich zu machen.

Aus gekochtem Salzwasser in 40 bis 100 Liter Aufläufen brennt er nun auf zwei Wannen, die jeweils 4000 Liter fassen.

Sobald das Salz getrocknet ist, wird es geprüft und genehmigt, gewogen und mit der Originaletiketten beschriftet, bevor es auf Gläser verpackt und an hoffnungsvolle Kunden versandt werden.

Leider gab es wieder ein Kitchen-Dinner am Abend,
bei dem ich eine Kochexotik ohne gleichen erdulden
musste:

- Himmaltind und Haukeli Chevre Creme
- Haferkuchen mit Pilzen aus dem Hause Joder
  Adne Espeland (Spinat, Mayonaise und gerösteter
  Paprika auf Kartoffelchips)
- Duga Bygg-Creme

Dieses Abendessen am Donnerstag, 10.10.2019, war
eine Zumutung: Hafer + Gerste = Pferdemahlzeit!

1.Gang:
 2 winzige Spargelstücke + Gerste als amuse geule

2.Gang:
 Haferkuchen, den musste ich übrig lassen
 dazu Gemüse, winzig kleingeschnitten und gebraten

3.Gang:
wiederum Haferkeks und Gerste, eine kleine Portion.

Gottseidank war das Abendessen am 11.10. wieder
ok!

Es wäre noch anzumerken, dass dies ein samischer
"Ausrutscher" der Nordic Kitchen war!

Das mit am Tisch sitzende Paar war jedoch keineswegs enttäuscht so wie ich. Auf deren Platz befand sich eine blaue Schleife und die besagte: "Nur glutenfreies Essen": und das war Hafer und Gerste!

Ein besonderer "Ausflug" war dann bei der Landung in Svolvaer angesagt: Besuch in der "Lofotpils-Brauerei"!

Das war dann ganz einfach: nachdem das Schiff in Svolvaer angelegt hatte, ging man einfach geradeaus in die Brauerei hinein! Dort empfing uns die jugendliche Tochter des Brauereibesitzers in englischer Sprache, ein vom Schiff mitgekommener Reiseleiter übersetzte dann in die deutsche Sprache.

Sie führte uns durch die Räume mit Säcken Gerste und den verschiedenen technischen Einrichtungen, die von Deutschland stammen sollten. Zum Schluss gab es dann eine Verkostung von 5 Sorten Pils, Weiß-bier, und einer Art Starkbier.

Die Flasche mit 0,33 l Lofotpils kostet NKR 315, der Liter somit 955 NKR! Das ist schon fast der Münchner Oktoberfestbier-Preis 2019!

Das Problem war der Brauerei natürlich bekannt und sie verteilte ein Infoblatt. Daraus ging hervor, dass der Preis von 315 NKR sich aus 187,1 NKR staatliche Steuern und 127,9 NKR Herstellkosten zusammensetzt. Dann hatte sie noch eine Statistik der europäischen Länder, darin war ganz oben Norwegen mit den höchsten Bierpreisen.

Ich war schon oft in Brauereien und kannte dort die großen, beheizbaren Sudkessel, samt Bierdunst in der Luft sowie die dann folgenden riesigen metallisch glänzenden Reife-Stahltanks und die maschinelle Abfüllanlage.

Ferner gab es zwar Gerste zu sehen, aber keinen Hopfen! Ich hatte den Verdacht, dass das Bier ohne oder nur mit geringsten Hopfenzusätzen gebraut würde.

Bei der Beurteilung des Lofotpilses dann waren wir sehr gnädig...

Es gab natürlich kein Pils zum Mitnehmen, da war offenbar Hurtigruten dagegen, und so wanderten wir wieder aufs Schiff zurück.

Abends bekamen wir dann eine Einladung, um 23:00 Uhr wiederum auf Deck 8:

"Costal Kitchen: Trollfjordsuppe!"

Das war dann ein süßsaures, heißes, wahrscheinlich mit Waldfrüchten und etwas Zucker zubereitetes Getränk in einem besonderen Trollfjord-Metallbecher (den konnte man behalten) und kostete 85 NKR.

Ein Troll ist ein Fabelwesen der nordischen Mythologie (Wikipedia). Es ist buckelig, vierschrötig und hat eine lange Nase. Fantasievolle Trolle gab es auf der MS Finnmarken einige im Souvenirladen, etwa 1 m groß, auch zum Kaufen.

Durch den Trollfjord fuhr die MS Finnmarken dann bei der Rückfahrt (siehe dort), ein großartiges Erlebnis!

Diesen Troll gabs im Shop der MS Finnmarken

Jenseits des Polarkreises sollte es ja möglich sein, Polarlichter (Aurea Borealis) zu sehen. Durchsagen versprachen uns, dies sofort anzusagen. Es gab zwar mehrere Ankündigungen, aber wenn man an Deck lief, waren die Lichter dann meist durch Wolken verdeckt und höchstens ein schwacher Schimmer zu erkennen.

Tag 5, Freitag, 11.10.2019

Um 7:45 h war Aufstehen, aber da lag das Schiff noch in Harstad und fuhr dann weiter nach Finnsnes. Die Temperatur auf Deck 5 war heute nur mehr +2°.

Erfreuliches zum Frühstück: Spiegelei mit Speck, Baked Beans (vom Koch mit Tomatenstücken "verbessert"), Brot, Butter norwegischer Art (recht weich), Brot, Croissants, Käse (eher milde), saurer Joghurt mit Honig, und natürlich Kaffee.

Zu Mittag beim Buffet wählte ich mir Kartoffelsuppe, Rindfleisch mit Sauce, Kartoffel, Pudding mit Vanille-auce, Kaffee.

Weiter gings dann um 14:30 h mit einem Ausflug: Tromsø, die Hauptstadt der Arktis. Zumindest die Temperatur war schon leicht arktisch.

Tromsø liegt auf einer Insel Tromsøya, hat ca. 80.000 Einwohner, ist Universitätsstadt und hat viele Forschungseinrichtungen.

Am Kai wartete ein Bus, der brachte uns über die 1036 m lange und 38 m hohe Tomsøbrua-Brücke auf die andere Seite des Meeresarmes, dort war die Seilbahnstation Fjellheisen und mit deren Kabine ging es hinauf auf den Storsteinen, auf 421 m über NN. Oben lag schon eine dünne Schneeschicht, man musste beim Herumwandern gut aufpassen. Die Aussicht auf Tromsø mit der MS Finnmarken unten im

Hafen war fantastisch. Im Restaurant Fjellstua konnte
man was essen oder trinken.

Dann gings mit der Seilbahn wieder hinunter und zur
"Eismeerkathedrale", einer modernen Kirche und
Sehenswürdigkeit. Die Form des Gebäudes soll an
Trockenfischgestelle Norwegens erinnern, aber auch
an Polarlicht, Mitternachtssonne und Nordlicht.

Die Kathedrale hat eine wunderbarer Orgel. Leider
war keine CD der Orgel zu haben, nur ein Buch der
Kirche aus 2015 war zu erwerben.

Die Orgel der Eismeerkathedrale in Tromsø

Täglich findet in der Eismeerkathedrale von Tromsø
von 23:15 h bis 01:15 h ein Konzert statt, zu dem die
Gäste des aktuellen Hurtigrutenschiffs mit dem Bus
 anreisen.

Das Programm ist norwegische Tonkunst: ein norwegisches Abendlied, ein nordnorwegisches Lied, ein
samisches und ein norwegisches romantisches Lied
rundeten das Programm ab.

Als wir mittags dort waren, bekamen wir ein kurzes
Gratiskonzert: Ein Mädchen unter den Besuchern in
der Kathedrale erfreute uns: sie brillierte spontan mit
einem schönen Lied, das konnte ich mit der Video-
kamera aufnehmen.

Der Bus brachte uns dann zu dem architektonisch bemerkenswerten "Erlebniszentrum Polaria" (Außenansicht wie mehrere schrägstehende Eisschollen) mit Arktik-Aquarium, Robben-Becken und Panoramakino.

Was mir auffiel, war der schlechte Zustand der Straßen in Tromsø, es gab jede Menge Schlaglöcher und der Bus rumpelte durch die Stadt. Das mag mit der Benutzung von Spikes-Reifen zusammenhängen. Bei uns schon längst verboten, in Norwegens Norden noch immer erforderlich. Diese Nagelreifen beanspruchen den Asphalt sehr.

Um 18:30 h war dann Schiffsabfahrt und ich war gespannt auf das Dinner. Es gab Selleriesuppe mit Salami-Einlage, dann ein Fischgericht: Saibling aus Sigerfjord (mit Wurzelgemüse darunter) und einer sehr guten Sauce Hollandaise dazu, gebackene Rüben, Grünkohl, Dillkartoffeln. Als Dessert: eine Schololadenterrinne mit Blaubeerkompott und Zitronenthymian-Meringe. Das Dinner war diesmal sehr gut. Die Zutaten klingen recht exotisch, man muss aber bedenken, dass als 1. und 3.Gang nur in ganz kleinen Portionen am Teller lagen.

Tag 6, Samstag 12.10.2019

Draußen hatte es +6°, das war erträglich. Um 7:30 h war ich beim Frühstück, aber um 10:00h schon beim "Mittagessen" (Buffet), denn um 11:15h starteten bei der Anliegerstelle Honningsvåg die Busse auf die 34 km langen Reise zum Nordkap (norwegisch: Nord-kapp).

Honningsvåg und Nordkap liegen auf der Insel Magerøya und diese ist mit einem Unterwassertunnel mit dem Festland verbunden.

Das Wetter war grau und regnerisch, oben am Nordkap lag Schnee, etwa 5 cm. Wir hatten eine in Norwegen wohnhafte Thailänderin als Führerin in deutscher Sprache. Wir überholten mit dem Bus auf der Straße zahlreiche Hiker und Radfahrer auf dem Weg zum Nordkap!

Das Nordkap ist der nördlichste Punkt Europas und Norwegens und liegt auf einer geographischen Breite von 71°10'21", von dort sind es nur mehr 2090 km über das Meer bis zum Nordpol.

Die Busse kamen dann nach einer guten Stunde Fahrt auf der Nordkap-Klippe (307 m hoch) an, wo die bekannte Weltkugel steht.

Dort musste man sich unbedingt fotografieren lassen!

Auf dieser Hochebene gab es noch eine Radiostation
der Nato, einige Gedenksteine, ein Haus mit Souve-
nirshops (auch mit einer Auswahl an Trollen) und
Imbiss und darunter ein Kino mit drei Leinwänden, wo
ein Film über die Arktis lief sowie ein längerer Tunnel
mit "Sight und Sound" und einer Kapelle.

Dann waren wir wieder im Bus und als wir auf dem
Nordkap-Hochplateau an mehreren Seen vorbeifuhren,
erzählte uns die Führerin, dass in diesen Seen präch-
tige Forellen seien, die Fischer aber nicht informieren
würden, wo die größten Fische zu fangen wären.

Dann waren wir wieder an Bord, um 14:45 h legte das
Schiff von Honningsvåg ab und nahm Kurs auf unsere
letzten Stationen der nordgehenden Route, endend
morgen in Kirkenes.

Bemerkenswert waren die stets gut sichtbaren
"Seezeichen", meist nur schmale Metallgestelle, die
die Fahrrinne für die Hurtigrutenschiffe markierten.

Am Abend gab es erfreulicherweise kein "Costal
Kitchen", sondern ein erlesenes "Nordkapp-Buffet"!

Diese Nacht war etwas unruhig, das Schiff schlingerte
und rollte.

Tag 7, Sonntag 13.10.2019

Der Tag 7 war der "Kirkenes-Tag", also der Tag mit
Ankunft und Abfahrt vom Endpunkt der Reise in
Kirkenes. Vom Hafen aus sieht man, dass die
Landschaft im hohen Norden kahl und ohne Bäume
ist.

Das Schiff legte gegen 9:00 h an und wer "zur
russischen Grenze" gebucht hatte, stieg in den Bus
dorthin. Man hatte mir später erzählt, dort habe es
eine "Borschscht"-Suppe (Kohl- oder Gemüsesuppe)
als russische Spezialität gegeben.

Auffällig war, dass die üblichen Inschriften nun alle zweisprachig: norwegisch und russisch, waren.

In Kirkenes ist die Firma „Snowhotel" für die Touristen zuständig, sie veranstaltet z.B. eine Königskrabben-Safari, 3-4 h lang, und es gibt eine Mahlzeit um 1600 NKR, ganz schön happig!

Das Restaurant an Bord der MS Finnmarken war heute auffallend leer. Zum Frühstück genehmigte ich mir Spiegelei mit Speck, Baked Beans, Leberpastete, Krabbensalat, Eiersalat und die von mir "Hurtigruten-Weckerl" genannten, sehr guten Semmeln mit Butter.

Ich hatte keinen Ausflug gebucht und machte mich auf eigene Faust auf, Kirkenes zu erforschen.

Nach Überwindung der Hafenanlagen war ich im Ort mit seinen netten Häusern, wie immer weiß gestri-chen, und dann im "Sentrum".

Dort stand "Sovetisk minnesmerke", eine Statue eines russischen Soldaten mit Gewehr und entsprechenden Inschriften. Die war an die Erinnerung an die Befrei-ung Norwegens 1945 durch die Russen errichtet worden. Die Norweger wollten also hier im hohen Norden eine positive Erinnerung an das Ende des 2.Weltkrieges zeigen.

Einem Wegweiser zu einer "Andergrotta" folgend, landete ich bei einem Eingang zu einem unterirdi-schen, in den Granitfelsen gehauenen ehemaligen Luftschutzbunker.

Ein zweiter Interessent war auch da, also bekamen
wir eine Führung in diese Unterwelt von Kirkenes von
einer Dame in deutscher Sprache. Sehenswert war in
dem Bunker ein magnetischer Stein mit einem Nagel

drauf, der nicht herunterfallen konnte, und der Inschrift
"Harold R", die König Harald bei seinem Besuch
angebracht hatte.

Die Führerin startete dann einen Projektor mit einem
Film über Krieg, Hitler, Russen usw.

Ich wanderte aber dann rasch zurück zum Schiff,
denn mir war ziemlich kalt geworden. Die Abhilfe war
einfach: 10 Minuten heiß duschen! Und alles war
wieder im Lot. Erst dann marschierte ich auf 4.Deck
zum Buffet-Mittagessen mit dem Üblichen: Fischsuppe, Käse, Süßspeise und Wasser am Tisch.

Inzwischen hatte das Schiff abgelegt und seine Reise
"südwärts" begonnen. Bei der Landung in Vardø war
eine weitere Gelegenheit, Fotos zu machen.

Zum Abendessen hatte mir der Platzanweiser im
Restaurant einen neuen Platz (Tisch 68) zugewiesen.

"Costal Kitchen" lieferte mir dorthin ein Menu, genannt
"Sami Laibi", also ein Gericht der Samen:

- In Kräutern gebratenes Rentier, Brokkoli, Austern-
  pilze, rote Zwiebeln, Kartoffelpüree
- Waffel-Herzen

Davor gab es das übliche amuse geule (ganz wenig),
das gebratene Rentier war 8cm dick, hart und nicht
genießbar (nur für Samen?) und dann ein russischer
Kuchen, gerade noch genießbar.

316

NGW TABLE 68

NEW TIME 20⁰⁰

Ich ließ das Hauptgericht zurückgehen, aber die Kellnerin sagte: Darf ich Ihnen was anderes bringen?

Dafür bekam Hurtigruten von mir einen ganz großen Pluspunkt! Ich habe das Angebot aber dann doch nicht angenommen.

Tag 8, Montag, 14.10.2019

Heute ist Hammerfest-Tag! Hammerfest liegt in den Finnmarken, dem Samen-Gebiet.

Schon zuvor hatte ich gehört, in Hammerfest könne man dem „Eisbären-Club" beitreten.

Und so war es dann auch, gleich neben der Anlege-stelle des Schiffes war das Clubzentrum der

   "Royal and Ancient Polar Bear Society"

und dort gab es, neben dem üblichen Souvenirver-kauf, auch einen PC, in dem man bloß seine Daten eingeben musste, um dann ein vom Bürgermeister des

   "World Northmost City Hammerfest"

gezeichnetes Mitglieds-Zertifikat mit der Nummer 274098 (=Anzahl der Mitglieder!), einen Ausweis und eine silberne Anstecknadel sowie die Clubsatzung und die Einladung zur nächsten Mitgliederversammlung (im Januar 2020) gegen 220 NOK zu bekommen. Wem das nicht reichte, der konnte dann im Eisbärenshop noch weitere Eisbären, bzw. deren Felle und weitere Souvenirs erstehen.

Es war genug Zeit (10:45 h bis 12:45 h), um ein wenig Hammerfest zu besichtigen, wie z.B. die moderne Kirche (mit Luftschutzkeller!) und das "Wiederaufbaumuseum" (Heimatmuseum). Die Deutschen hatten beim Abzug bei Kriegsende Hammerfest zerstört, dann kamen die Russen und man musste wieder ganz von vorne anfangen. Zu sehen gab es aus dieser Nachkriegszeit Kohle-Küchenherde, Waschküchen, einfache Lampen udgl. Nachkriegstypisches.

Dann gab es an Bord ein leckeres Buffet-Essen mit Tomatensuppe, Salat und Süßspeise mit Schokolade und Vanillesauce. Ich wollte dann doch einen offenen Wein kosten, das war dann der günstigste 0,15 l "Hurtigruten weiß" um 105 NOK.

Sodann kam eine Ansage, man solle sich im Shop Spikes für die Schuhe kaufen, es sei draußen sehr glatt. Das war aber nicht nötig, in Hammerfest waren alle Wege aufgetaut und mit Splitt gut gestreut.

In Melkøje bei Hammerfest ist auch die größte Erdgas-Verflüssigungsanlage der Welt, man konnte sie vom Schiff aus sehen. Norwegen ist ja reich an Erdöl und Erdgas. Allerdings habe ich kein Kühlschiff für Erdgas (mit den bekannten kugelförmigen Behältern) gesehen. Erdgas wird in Norwegen offenbar mit Tankwagen bzw.via Pipelines abtransportiert.

Zum Dinner (Tag 8) soll nun wieder "Norway´s Costal Kitchen" ausführlich zu Wort kommen:

"1.Bottarga - Borealis - Risotto mit Petersilie und Schnittlauch

Jedes Jahr, von Januar bis April, schwimmt der nordatlantische Kabeljau, genannt Skrei, in die sauberen, klaren Gewässer der arktischen Küste Norwegens, um dort zu laichen. Der handverlesene Rogen aus diesem Skrei wird gesalzen und im kalten Winter draußen auf traditionellen Trockengestellen aufgehängt, wodurch der langsame Trocknungs- prozess initiiert wird, der den Rogen so schonend und behutsam reifen lässt. Nach einer Trockenzeit von 10 bis 15 Wochen wird der Rogen abgenommen, kontrol- liert und als Bottarga Borealis verpackt, der mit sei- nem intensiven Umami-Aroma für einen überraschend anderen Meeres-Geschmack sorgt.

Allergene: F, SU, SE, M.

2. Seelachsfilet Gedämpfte Rüben, Rettich und Kohl
    Eingelegte Zwiebeln und Sandefjordbutter

Seelachs ist in Norwegen eine der wichtigsten Fisch- arten für den Handel. Er kann eine Länge von über 120 cm und ein Gewicht bis 10kg erreichen. Aufgrund seines Kampfgeistes wird er von Anglern sehr geschätzt, denn ihn zu fangen stellt eine wahre

sportliche Herausforderung dar. Den Seelachs, den
wir heute servieren, aus den klaren, eiskalten Gewässern vor Tromsø.

Allergene: F, SU, M.

3. Schokoladekuchen mit Roter Bete mit Löwenzahn-
   sirup aus Rolvsøy und Lofotpils-Eiscreme (!)

Im hohen Norden Norwegens, auf der kleinen Insel
Rolvsøy (mit nur 65 Bewohnern), wo der mächtige
Nordatlantik auf die eiskalte Barentse trifft, produ-
zieren Siss und ihre kleine Familie Sirup, der aus der
tapferen und nahezu unverwüstlichen Löwenzahn-
blume gewonnen wird. Die kleine Insel ist seit Tau-
senden von Jahren ein Außenposten am offenen
Meer. Hier wachsen Gras, Heidekraut und Blumen
wild und unberührt, nur gezwungen, sich dem Wind,
den intensiven Sommern und endlosen Wintern anzu-
passen. Wetterbedingungen, die man nur über dem
nördlichen Polarkreis erleben kann.

Allergene: G(Weizen), E, M, Spuren von Nüssen.

Der zur Herstellung des Sirups verwendete Löwen-
zahn wird während des arktischen Frühlings von den
Kindern und Jugendlichen in Rolvsøy per Hand ge-
pflückt, wodurch sie in den Ferien ihr Taschengeld
aufbessern."

Nun meine Eindrücke:

1.   Auf einem Suppenlöffel etwas Sulziges, so
      wie Milcheis.

2.   Der Seelachs war gut, drei braune Kartoffel in
      Schale: gut

Gedämpfte Rüben, Rettich, Kohl, eingelegte Zuccinis:
nein. übrig gelassen

3. Konsistenz: süß, fest, hart, darauf ein Eis (gut)

Dann war noch ein Mitternacht-Konzert von 23:45 h -
1:15 h der Eismeer-Kathedrale in Tromsø vorgesehen, die Teilnehmer wurden vom Schiff aus direkt in
die Kathedrale gefahren und nach Konzertende
wieder zurück aufs Schiff, das dann sofort ablegte.
Ton- und Videoaufnahmen des Konzerts waren
verboten. Das Programm wurde von drei Künstlern
bestritten: Herr Frantzen (Klavier und Orgel), Frau
Frantzen (Flöte und "joik") und Herrn Bakkeby
(Baryton). Auf Rückfrage konnte geklärt werden: joik
„is a way of Sami singing". Mir fiel auf, dass auf dem
Programm kein Datum stand, aber das war leicht
erklärt: jeden Tag kommt ein Hurtigruten-Schiff und
dessen Passagiere wollen natürlich alle das Konzert
hören. Also jeden Tag ein Konzert in der Eismeer-
Kathedrale mit dem folgenden Programm.

PROGRAMM

MITTERNACHTSKONZERT

Stjernesangen
Melodie aus "Finlandia"

Text: Henry Tandberg
Mel: Jean Sibelius

Svalbard Thema
Aus dem Film "Orions belte"

Geir Bøhren / Bent Åserud
Bearb: Robert A. Frantzen

Eg veit i himmerik ei borg
Geistliches Volkslied aus Hallingdal

Trad.

En smuk aftensang
Norwegisches Volkslied aus Kvæfjord

Text: Petter Dass

My Little Daughter / Meine kleine Tochter
Instrumentalstück

Robert A. Frantzen

Märk hur vår skugga
Aus "Fredmans Epistler"

Carl Michael Bellman

Jølstring
Tanz aus Jølster

Edvard Grieg

Blå salme
Norwegisches Abendlied

Text: Erik Bye
Mel: Henning Sommero

Fjellsti / Bergweg
Klavierstück

Robert A. Frantzen

Biegga / Wind
Samischer Joik

Nils-Aslak Valkeapää

Mjelle
Nord-Norwegisches Lied

Terje Nilsen
Bearb: Sindre Hotvedt

Mellom bakkar og berg
Norwegisches romantisches Lied

Text: Ivar Aasen
Mel: Ivar Aasen / Ludvig M. Lindeman

MITWIRKENDE:

Harald Bakkeby Moe — Baryton
Hanne-Sofie Akselsen Frantzen — Flöten und joik
Robert Akselsen Frantzen — Klavier und Orgel

Tag 9, Dienstag, 15.10.2019

Das Schiff hatte um 7:50 h in Harstad angelegt, um 8:15 h startete mit dem Bus der Ausflug "Inselwelt der Vesteralen".

Der dauerte bis 12:30 h, da wartete aber nicht das Schiff, das fuhr weiter ohne uns über Risøyhamn nach Sortland, erst dort konnten wir wieder aufs Schiff!

Also bestiegen wir den "Arctic Buss", dann waren wir in Trondenes in der mittelalterlichen Kirche, einer von Nordnorwegens ersten Kulturstätten. Der Pastor erschien, begrüßte uns und startete sofort einen ökumenischen Gottesdienst, dazu hatte er einen mehrsprachigen Lieds- und Gebetstext verteilt.

Trondenes kirke

Norsk

Lovsyng vår Herre, den mektige konge med ære!
Lov ham, min sjel, og la det din forlystelse være!
Stem opp en sang, psalter og harpe, gi klang!
Syng for Gud Herren, den kjære!

Lovsyng vår Herre, min sjel og hva i meg mon være!
Alt som har ånde, opphøye hans store navns ære!
Han er deg god, å, gjør ham aldri imot!
Amen, han selv deg det lære!

English

Praise to the Lord, the Almighty, the King of creation!
O my soul, praise Him,
for He is thy health and salvation!
All ye who hear, now to His temple draw near;
Praise Him in glad adoration

Praise to the Lord! O let all that is in me adore Him!
All that hath life and breath,
come now with praises before Him.
Let the Amen sound from His people again;
Gladly for aye we adore Him.

Deutsch

Lobe den Herren, den mächtigen König der Ehren!
Meine geliebete Seele, das ist mein Begehren.
Kommet zu Hauf, Psalter und Harfe wacht auf!
Lasset den Lobgesang hören!

Lobe den Herren, was in mir ist, lobe den Namen.
Lob ihn mit allen, die seine Verheißung bekamen.
Er ist dein Licht; Seele, vergiß es ja nicht;
Lob ihn, in Ewigkeit. Amen!

Français

Peuples, criez de joie et bondissez d'allégresse,
Le Père envoie le Fils manifester sa tendresse.
Ouvrons les yeux; Il est l'image de Dieu!
Pour que chancun le connaisse!

Peuples, battez des mains et proclamez votre fête;
Le Père accueille en lui ceux que son Verbe rachète;
Par l'Esprit Saint En qui vous n'êtes plus qu'un,
que votre joie soit parfaite!

Italiano

Lode all'Altissimo, lode al Signor della gloria!
Al re dei secoli forza, onore, vittoria!
Cantate a lui, Tutti acclamate con noi;
Cielo e terra esultate!

Lode all'Altissimo, Padre di grazia infinita,
Che dona agli umili pace, benessere, vita.
Dio regnerà; E tutto a lui canterà
Gloria nei secoli! Amen!

Español

Alma bendice al Señor, Rey potente de gloria;
De sus mercedes esté viva en ti la memoria.
Oh despertad, Arpa y salterio entonad.
Himnos de honor y victoria!

Alma bendice al Señor y su amor infinito;
con todo el pueblo de Dios su alabanza repito;
Dios, mi salud,
de todo bien plenitud,sea por siempre bendito!

Nederlands

Lof zij de Heer, de almachtige Koning der ere!
Laat ons naar hartelust zingen en blij musiceren.
Komt allen saam,Psalzingt de heilige naam,!
Looft al wat ademt de here.

Lof zij de Heer met de heerlijkste naam van zijn namen.
Christenen looft Hem met Abrahams kinderen samen.
Hart wees gerust, Hij is uw licht en uw lust,
Alles wat ademt zegt: Amen!

Dann besuchten wir "Trondenes Historiske Senter"
(Exhibitions and medieval farm), also ein Heimatmuseum.

Im Museum war eine Ausstellung mit Darstellung der Geschichte der Gegend mit Geräuschen und Ge- rüchen und Originalobjekten aus der Gegend, von der Wikingerzeit bis zur Gegenwart.

Dort waren aber auch Dokumente ausgestellt über die "Adolfkanone". Das waren zusammen sieben Schiffsgeschütze 20,3 m lang, 158 Tonnen schwer, mit 40,6 cm Geschossen, Triebladung 300 kg, Reichweite 56 km, Druck 635 000 kg, Anfangsgeschwindigkeit 1030 m/s. 4 Geschütze hatte die "Batterie Theo", 3 Geschütze die "Batterie Engeløye". Nur mehr eine Adolfkanone ist erhalten, aber die war nicht im Museum und wir konnten sie nicht besichtigen.

Ein einheimischer Besucher erzählte seinen Gästen, er hätte so ein Geschoß abfeuern lassen, da seien alle Fensterscheiben im Dorf kaputt gewesen. Wenn nicht wahr, so doch gut erfunden...

Ich wollte eine deutsche Doku über diese Kanone erwerben, die gab es jedoch leider nicht.

Das Museum begrüßte uns Reisende auf einer Tafel:

"Good Morning Hurtigruten Kaffee, Tee 20 NKR, Mineralwasser 39 NKR".

Weiter ging es dann über die Insel Hinnoya mit etwas durch den Regen beeinträchtigten Ausblicken zum Gullesfjord, der wurde mit der Fähre samt Bussen überquert.

Während der Überfahrt gab es Kaffee und Kuchen auf der Fähre.

Entlang des Sigerfjord fuhren die Busse dann über
eine Brücke Richtung Sortland, da konnten wir auf
dem Fjordgewässer schon unsere MS Finnmarken
kommen sehen! Wir enterten also wieder unser Schiff.
In Stokmarknes war eine Stunde Aufenthalt. Diesen
benutzte ich, das "Hurtigrutenmuseet" zu besuchen.

Hurtigrutemuseet

EXCURSION Code: MUSEUM

MS Finnmarken

Stokmarknes15/10/2019

Helmut Kropp, Cabin 316

Embarkation Port: BGO

Dort gab es neben alten Schiffsansichten u.a. einen
beeindruckenden Film über eine historische
Dieselmotor-Schiffsmaschine in Funktion zu sehen.

Dann aber kam der Höhepunkt des Tages: der Besuch des abenteuerlichen Trollfjords!

Zuerst kam ein Boot von der Seite auf unser Schiff zu, das nahm die alternativen Ausflügler "Seeadler-Besichtigung" an Bord.

Dann wich das Schiff von seiner direkten Route ab, um uns in den Trollfjord zu fahren: eine ganz enge Passage zwischen sehr steilen Bergen, am Ende war die Passage nur ein wenig breiter, aber keine Durchfahrt am Stück möglich.!

Bekanntlich kann ja ein Schiff kaum rückwärts fahren. Was macht da unser Schiffsführer? Er bringt das Schiff mit Hilfe der hydraulischen Seitenruder (Strahlruder) fast zu Stehen und dreht das Schiff dann mit diesen Hilfen am Ort. Und weil das so schön ist, gleich noch einmal! Am 5.Deck war alles am Reling!

Also wir fuhren dann wieder in entgegengesetzter Richtung mit dem Bug voraus aus dem Trollfjord hinaus. Mir war bei der langen Passage an Deck schon sehr kalt geworden, da half dann wieder die heiße Dusche in meiner Kabine. Zur Krönung des Tages kam uns dann das Hurtigruten-Schiff MS Trollfjord entgegen!

Abends gab es dann Buffet, das war fein, ich probierte nochmals den Wein "Hurtigruten weiß".

Am Tisch hatten wir einen Winzer aus Veitshöchheim, dem gab ich von dem Wein zur kritischen Prüfung. Er kostete, sagte aber nur: der Wein hat das volle Bukett.

Wir unterhielten uns dann über die Weinerzeugung, da habe ich aufgrund meiner Apfelwein-Kampagne mit Edelhefen Erfahrung. Der Winzer sagte: Zucker zugeben ist gestattet, Wasser zugeben ist verboten.

Tag 10, Mittwoch, 16.10.2019

Nach dem Passieren von Ørnes und Nesna gab es eine bemerkenswerte Bergformation zu linker Hand ("steuerbords") zu sehen:

Sieben gleichartige, gewaltige Gipfel, schon schnee-bedeckt, genannt "Die sieben Schwestern".

Der Reiseleiter arrangierte sofort mit den an Deck vorhandenen Damen eine Show "7 Schwestern".

Diese wurden nun nach allen Regeln der Kunst angehimmelt und veräppelt, bis sich die Runde mit großem Gelächter auflöste.

Dort begegnete uns ein interessantes Frachtschiff der Norlines „Powered by Natural Gas", also ein erdgasbetriebenes Schiff.

Brønnøysund

Nach den oben genannten, nur jeweils kurzen Aufent-halten gab es einen längeren Stop in Brønnøysund, den ich, da das Wetter herrlich schön war, zum Be-sichtigen des Dorfes mit Einkaufszentrum, Telefon-shop etc. nutzte.

Vor der Kirche (leider zugesperrt) im Gras war ein sehenswerte alte Grabplatte mit Inschrift "DOD 14 NOVBR 1890".

Im Ort fand ich ein Plakat mit der Anzeige einer lokalen Immobilienmaklerin "Eiendomsmegler" Frau Elin Edblad, sie bot in 8920 Somna eine "Hytte" in Seenähe an, das Grundstück 1106 qm, die "Hytte" mit 109 qm, um KR 700.000,-.

Zahlreiche Tafeln informierten über die Sehenswürdigkeiten der Umgebung in norwegischer, englischer und deutscher Sprache:

Brønnøy hat 8000 Einwohner und liegt auf einer Halbinsel. Ab Brønnøysund kann man mit dem Fahrrad die Umgebung entdecken, Fähre und Schnellboot stellen die Verbindung zwischen den Inseln her. Die Insel Esoya wird aufgrund der Inschriften in den Felswänden das "größte Gästebuch der Küste" genannt. Die Inselgruppe Lanan ist der größte Eiderenten-Nistplatz im Vega-Archipel. In Vega wachten die Frauen über die Eiderenten und sammelten deren kostbare Eiderdaunen.

Und dann das sensationellste Angebot: Torghatten

Ganz außen auf der Insel Torget liegt der Torghatten – ein eindrucksvoller Berg mit einem Loch quer hindurch. Diese bekannteste Landmarke von Øyriket liegt eine kurze Fahrstrecke von Brønnøysund entfernt. Falls Sie die Gelegenheit haben lohnt es sich jedoch auch, mit dem Fahrrad oder Kajak dorthin zu fahren. Das Loch ist eigentlich eine Höhle, 160 m lang, 35 m hoch und 20 m breit, und es wirkt wie eine beeindruckende Kathedrale. Von dem Loch aus können Sie auf das weitläufige Øyriket blicken und sich verzaubern lassen. Der Sage nach wurde das Loch geschaffen, als die verzauberten Berge noch lebten. Ebenso zauberhaft, jedoch weitaus wahrer ist die Erklärung, dass das Loch von eiskalten Naturgewalten während und nach der letzten Eiszeit ausgegraben wurde.

Wir waren in der glücklichen Lage, nach der Abfahrt
aus Bronnoysund an diesem Berg vorbeizufahren und
einen kurzen Moment lang konnte man tatsächlich
das Licht durch ein kleines Loch im Berg hindurch
vom Schiff aus erkennen!

Tag 11, Donnerstag, 17.10.2019

In der Früh gegen 9:45 h gab es im Hafen von Trondheim schon ein Gedränge: unser Schiff MS Finnmarken lag noch am Hurtigruten-Anleger, aber das Schiff
MS Spitsbergen wollte schon rein. Es musste aber
warten, bis wir raus waren, und stellte sich artig an.

In Kristiansund stand schon unser Ausflugs-Bus
bereit. Er führte uns zuerst zu einer norwegischen
"Attraktion", der Atlantikstraße, wunderschön am Meer
entlang einige Kilometer lang angelegt und über
einige moderne Buckel-Brücken (um die Schifffahrt
nicht zu behindern).

Auf einem Parkplatz blieben wir zwecks Fotohalt
stehen, man konnte bis aufs Meer über Gitterroste
hinaus gehen. Der Parkplatz hatte eine graue, lange
Wand, in die waren Türen zum WC und zur Cafeteria
eingelassen. In einer Mulde lagen dekorative vielfar-
bige Troll-Puppen, ein Kunstwerk.

Unser Ziel es Tages war aber das Marmorbergwerk
Bergtatt Oplevelser AS. Dazu musste der Bus steil
den Berg hinauf klimmen, auf einer derben Schotter-
straße. Oben erwartete uns der Führer, wir bekamen
wie er Helme und Schutzweste.

Das Bergwerk ist an dem von uns besichtigen Ort
nicht mehr in Betrieb, die ausgehöhlten Räume dienen
heute für Konzerte oder als Restaurant. Größere
Räume sind unter Wasser, etwa 21m tief, gesetzt, auf
denen kann man bei romantischer Beleuchtung mit
dem Boot fahren. Unser Führer hat dafür eine
tragbare, batteriebetriebene Schiffschraube in der
Hand, die tauchte er je nach Bedarf hinten, rechts
oder links vom Boot ins Wasser und lenkte so das
Gefährt mit den Besuchern durch die atemberauben-
de, nur durch ein paar farbige Leuchten erhellte
Finsternis der Höhle.

Wieder an Land, gaben wir die Schutzausrüstung ab
und wurden in einen größeren, unterirdischen Saal
geführt; dort wartete eine sehr gute Gemüsesuppe auf
uns und der Bergwerksführer erzählte uns, dass nach
wie vor Marmor abgebaut werde, allerdings an einer
anderen Stelle.

Erstaunt nahmen wir zur Kenntnis, dass Marmor, fein
pulverisiert, ein wichtiges Rohmaterial in der Papierer-
zeugung ist!

Dann ging es mit dem Bus zurück nach Molde, wohin
unsere MS Finnmarken inzwischen gefahren war. Um

21:15 h dort angekommen, gab es allerdings kein
Dinner mehr an Bord.

12.Tag, Freitag, 18.10.2019

Um etwa 8:00 Uhr waren wir in Florø, dem letzten
Anlegeplatz vor Bergen. Es war ein sehr geschäftiger
Hafen, viele Güter lagen gestapelt, sogar große
Container standen herum und das zu deren Bewe-
gung erforderliche Straßenfahrzeug.

Das Frühstück gab es von 7:00 - 10:00 h und das
Mittagsbuffet von 11:30 - 13:00 h.

Noch vom Vortag hungrig, langte ich kräftig zu, war
doch heute wieder eine größere Strecke und zwei
mickerige Imbisse an Bord der KLM zu überwinden.
Spät abends würde ich dann wieder zu Hause sein.

Bereits um 10:00 Uhr musste die Kabine geräumt
sein. Das war kein Problem, Stauraum für Gepäck war
am 3.Deck ausreichend vorhanden.

Das Schiff musste aber in Bergen um 14:30 h über
das 5.Deck verlassen werden. Im Programm stand:

"Holen Sie Ihr Gepäck vom Förderband im Hurtigter-
minal am Kai ab."

Das klappte dann, die Bordkarte wurde zum letzten Mal gescannt ("Jetzt sind wir den los!"). Der Bus zum Flughafen war auch schon da und der Flughafen Bergen rasch erreicht.

Der KLM-Flug sollte um 17:20 h abgehen, es wurde aber, wie gewohnt, um einiges später. Bergens Duty Free war recht gut bestückt, man konnte auch noch in Ruhe etwas essen.

In Amsterdam war dann umzusteigen, um 20:35 h sollte es weitergehen und endlich, mit Verspätung, landete KL1801 in München. Mein großer Koffer brauchte etwas, aber dann war auch er da und ich kämpfte mich mit den beiden Rollkoffern zur S-Bahn, vom Flughafen zum Marienplatz, es stand gerade die S8 da.

Groß die Überraschung: Durchsage am Ostbahnhof: Nächster Halt München-Pasing: da fuhr die S-Bahn über die Münchner Südumfahrung! Also nichts wie raus, dort wollte ich nicht hin. Da war wohl die „S-Bahn- Stammstrecke" Ostbahnhof-Hackerbrücke über Marienplatz total gesperrt.

Blieb also nur mehr die U5, um vom Ostbahnhof über Odeonsplatz, dort umsteigen in U3, nach Hause zu kommen. Kein allzu großes Problem?

Ich fahre mit der Rolltreppe zur U5 hinunter, da
drängen sich zwei gewaltsam an mir vorbei nach
unten: Polizei!

Unten war dann ein Einsatz mit U-Bahn-Wache, mit
sechs Polizisten usw. gegen einen "Brüllaffen"!

Also ein besoffener Jugendlicher, der herum randa-
lierte und einen anderen gar zu Boden brachte: da
mussten ihn die Ordnungshüter festhalten und bändi-
gen, versuchten ihn zu beruhigen....

Schnell rein in die U5, umsteigen am Odeonsplatz
(Koffer über Rolltreppe hinaufwuchten) in die U3,
dann: endlich wieder zu Hause!

Es war ein schöner Urlaub! Voll mit wunderbaren
Erinnerungen, bin ich wieder gesund daheim, viele
Bilder gemacht, gut geruht in der Schiffskabine zwölf
Nächte lang.

Hurtigruten war OK!

Es war im allgemeinen nicht zu kalt in Norwegen zu
dieser Jahreszeit und das Essen war fast immer sehr
gut...

München, im Dezember 2019

ANHANG 1

Hurtigruten Reise Montag 7.10.19 - Freitag
18.10.19

Schiff: MS Finnmarken
Tel.: 0047 48 03 40 00

Mo. 7.10.

Anreise München-Amsterdam-Bergen
mit KLM ab Mü. 11:50...16:50

Bergen   ab 21:30 h

Di. 8.10.

Florø   03:30 - 03:40 h
Måløy   05:40 - 05:50 h
Torvik   08:30 - 08:40 h
Ålesund   09:45 - 10:15 h

1.Ausflug: Eine Kostprobe Norwegens
12:00..14:15 h   EUR 123,-

Hjorundfjorden = Urke
ab 15:45 h

Ålesund   10:15 h
Molde   22:15 - 22:45 h

Mi. 9.10.

Kristianssund 02:15 - 02:30 h

2.Ausflug: Trondheim und Nidaros-Dom
9:00..11:00 h   EUR 105,-
Trondheim   10:00 - 13:15 h
Rørvig   22:15 - 22:30 h

Do. 10.10.

Brønnøysund 01:45 - 01:55 h
Sandnessjøen 04:35 - 04:45 h
Nesna   05:55 - 06:05 h
Ørnes   09:45 - 09:55 h
Bodø   12:40 - 15:00 h

3.Ausflug: Höhepunkte Bodo/Saltstraumen
12:40..14:50 h EUR 105,- an Bord gebucht

Stamsund   19:00 - 19:30 h

4.Ausflug: Lofotpils Brauerei   21:05...21:45
h   EUR 49,-

Svolvaer   21:00 - 22:00 h

Fr. 11.10.

Stokmarknes 01:00 - 01:15 h
Sortland   02:45 - 03:00 h
Risøyhamn   04:15 - 04:30 h
Harstad   06:45 - 07:45 h
Finnsnes   11:00 - 11:30 h

5.Ausflug: Tromsø Hauptstadt der Arktis
14:30...18:00 h EUR 165,-

Tromsø   14:15 - 18:30 h
Skjervøy   22:30 - 22:45

Sa. 12.10.

Stokmarknes   01:15 h
Hammerfest   05:15 - 06:00 h
Havøysund   08:45 - 09:15 h
Honningsvåg   11:15 - 14:45 h

6.Ausflug: Nordkap mit Bus 11:30..14:30 h
EUR 189,- an Bord gebucht

Kjøllefjord 17:00 - 17:15 h
Mehamn   19:15 - 19:30 h
Berlevåg   22:00 - 22:15 h

So. 13.10.

Båtsfjord   00:00 - 00:15 h
Vardø   03:15 - 03:30 h
Vadsø   06:45 - 07:15 h
Kirkenes   09:00 h an
Eigener Landgang

Kirkenes   ab 12:30 h
Vardø   15:45 - 16:45 h
Båtsfjord   19:45 - 20:15 h
Belevåg   21:45 - 22:00 h

Mo. 14.10.

Mehamn   00:45 - 01:00 h
Kjøllefjord   02:45 - 03:00 h
Honnigsvåg   05:30 - 05:45 h
Havøysund   07:45 - 08:00 h

Hammerfest   10:45 - 12:45 h
Eigener Landgang

Øksfjord   15:30 - 15:45 h
Skjervøy   19:15 - 19:45 h

Di. 15.10.

Tromsø   23:45 - 01:30 h
Finnsnes   04:15 - 04:45 h
Harstad   07:50 - 08:30 h

7.Ausflug Inselwelt Vesteralen
08:15 - 12:30 h   EUR 129,-

Harstadt - Sortland

Risøyhamn   10:45 - 11:00 h
Sortland   12:30 - 13:00 h
Stokmarknes   14:15 - 15:15 h
Svolvaer   18:30 - 20:30 h
Stamsund   22:00 - 22:30 h

Mi. 16.10.

Bodø   03:30 - 03:45 h
Ørnes   06:40 - 06:50 h
Nesna   10:25 - 10:35 h
Sandnessjøen   11:45 - 12:15 h

Brønnøysund 15:00 - 17:30 h
Rørvik   21:00 - 21:30 h

Do. 17.10.

Trondheim   06:30 - 09:45 h
Kristiansund 16:30 - 17:00 h

8.Ausflug Bergtatt Marmorbergwerk
EUR 205,-

Kristiansund 16:45 h
bis Molde 21:15 h

Molde   21:00 - 21:30 h

Fr.18.10.

Ålesund   00:30 - 01:00 h
Torvik   02:15 - 02:30 h
Måløy   05:15 - 05:35 h
Florø   07:45 - 08:15 h

Bergen an   14:30 h

Flug nach München über Amsterdam mit KLM

 17:35 h 22:25h

DAGSPROGRAM - DAG 8

Daily programme / Tagesprogramm / Journal de bord

Date:	14.10.2019
Mandag	Monday
Montag	Lundi

NO

10:15	POINT OF INTEREST; Melkøya
	Ute på dekk 8
10:45	AVGANG UTFLUKT 8B, 8G
	Oppmøte utflukter; ute på kaien
14:00	FOREDRAG: Norges oljehistorie (EN)
	Konferanserom framme på dekk 4
16:30	DAILY REVIEW med Expedition Team (NO)
	Konferanserom, framme på dekk 4
23:45	AVGANG UTFLUKT 8C
	Oppmøte utflukter; ute på kaien

EN

10:15	POINT OF INTEREST; Melkøya
	Outside on deck 8
10:45	DEPARTURE EXCURSION 8B, 8G
	Meeting point excursions; out on the pier
14:00	LECTURE: Norway and the oil (EN)
	Conference room forward on deck 4
17:00	DAILY REVIEW with the Expedition Team (EN)
	Conference room, forward on deck 4
23:45	DEPARTURE EXCURSION 8C
	Meeting point excursions; out on the pier

DE

09:15	VORTRAG; NORWEGENS ERDÖLMÄRCHEN (DE)
	Konferenzraum, Deck 4
10:15	POINT OF INTEREST; Melkøya
	Draussen auf Deck 8
10:45	ABFAHRT AUSFLUG 8B, 8G
	Treffpunkt Ausflug; draussen am Kai
17:30	DAILY REVIEW mit dem Expedition Team (DE)
	Konferenzraum, vorne auf Deck 4
23:45	ABFAHRT AUSFLUG 8C
	Treffpunkt Ausflüge; draussen am Kai

FR

10:15	POINT OF INTEREST; Melkøya
	à l'extérieur pont 8
10:45	DÉPART L'EXCURSION 8B, 8G
	Rendez-vous excursions; sur le quai
14:00	CONFÉRENCE: Norway and the oil (EN)
	Salle de conférence, avant pont 4
17:00	DAILY REVIEW avec Expedition Team (EN)
	Salle de conférence, avant pont 4
23:45	DÉPART DE L'EXCURSION 8C
	Rendez-vous excursions; sur le quai

MÅLTIDER

Frokost - Åpen bordsetting
07:00 - 10:00

Lunsj - Åpen bordsetting
11:30 - 14:00

Middag - Reserverte bord
18:00/ 18:30/ 19:00
20:00/ 20:30

MEALS

Breakfast - Open seating
07:00 - 10:00

Lunch - Free seating
11:30 - 14:00

Dinner - Reserved seats
18:00/ 18:30/ 19:00
20:00/ 20:30

MAHLZEITEN

Frühstück - Freie Platzwahl
07:00 - 10:00

Mittagessen - Freie Platzwahl
11:30 - 14:00

Abendessen - Res. Tische
18:00/ 18:30/ 19:00
20:00/ 20:30

REPAS

Petit déjeuner- Libre servic
07:00 - 10:00

Déjeuner- Libre service
11:30 - 14:00

Dîner - Places reservées
18:00/ 18:30/ 19:00
20:00/ 20:30

UTFLUKTER / EXCURSIONS / AUSFLÜGE / EXCURSIONS

I morgen / Tomorrow / Morgen / Demain:

9A[1]	08:00 - 12:30	Vesterålen panorama / BUS Harstad ➡ Sortland
9X	08:00 - 12:30	Hike with the Expedition Team /HIKE
9C	16:20 - 18:30	Sea Eagle safari / BOAT Raftsund ➡ Svolvær
9F	18:30 - 20:25	Discover a fishing village / BUS
9D	18:30 - 22:20	Lofoten by horse / BUS & HORSE Svolvær ➡ Stamsund

Oppmøte utflukter; Ute på kaien	Meeting point excursions; Out on the pier
Treffpunkt Ausflüge; Draussen am Kai	Rendez-vous excursions; Sur le quai

A LA CARTE & KING CRAB

NO Snakk med hovmester eller resepsjonen for en annerledes spiseopplevelse i Babette's à la carte restaurant.

EN Talk to the head waiter or the reception for a different dining experience in the Babette's à la carte restaurant.

DE Sprechen Sie mit dem Oberkellner oder der Reception wenn Sie im Babette's à la carte Restaurant essen möchten.

FR Rendez vous au Chef de rang ou à la réception pour une expérience culinaire différente dans le restaurant à la carte Babette's.

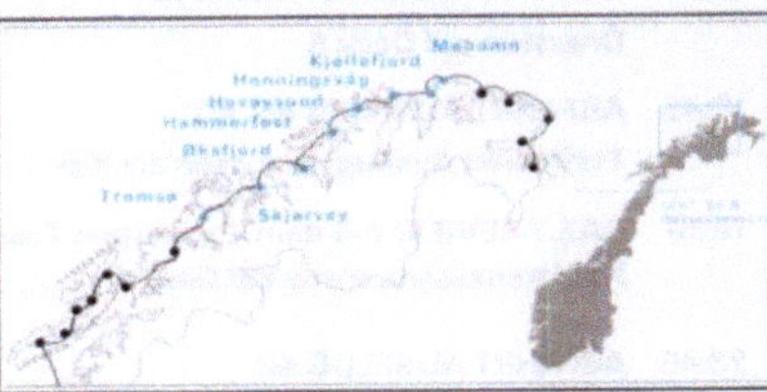

DAY 9

LOFOTEN

Landet i havet

*Dagens meny har en farge og smak som både gjenspeiler vårt kulinariske opphav
og hvor vi er på vei. Og på toppen av det hele er potetene som ledsager lammet,
krydret med bjørkesalt fra Hurtigrutens faste sanker av ville vekster,
Judith Van Koesveld i Kabelvåg.*

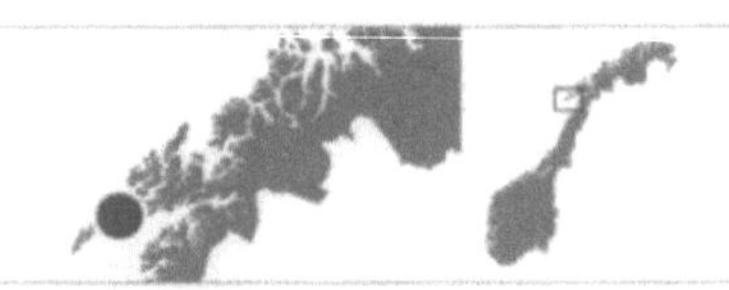

68°N — DAY 9

THE LOFOTEN ARCHIPELAGO

EN: **The Land in the Sea**
*The colour and taste of
today's menu both reflects our
culinary origins and where it
is going. And to top things off,
the potatoes which accompany
the lamb is seasoned with
birch salt from Hurtigruten's
permanent collector of wild
growths, Judith Van Koesveld
in Kabelvåg.*

DE: **Das Land im Meer**
*Die Farbe und der Geschmack
des heutigen Menüs spiegeln
sowohl unsere kulinarischen
Wurzeln als auch unsere Zuku-
nft wider. Darüber hinaus ist
der Lamm mit Birkensalz,
die angestammte Hurtigruten
Wildsammlerin Judith Van
Koesveld aus Kabelvåg
gesammelt hat.*

FR: **La terre dans la mer**
*La couleur et la saveur du
menu du jour reflètent nos
origines culinaires et notre des-
tination. De plus, les pommes
de terre qui accompagnent
l'agneau sont assaisonnées avec
sel de bouleau de la cueilleuse
permanente de Hurtigruten,
Judith Van Koesveld,
à Kabelvåg.*

ANHANG 3 b

RHEINGAU, GERMANY
DOMDECHANT WERNER
HOCHHEIMER RIESLING CLASSIC

NO: *Ren og frisk smak. Ettersmak med innslag av mineraler.*

DE: *Reiner und frischer Geschmack mit einem leicht mineralischen Abgang.*

EN: *Pure and fresh taste with a touch of minerals in the finish.*

FR: *Arômes de pomme verte, d'agrume, de fleur et de miel. Vin frais et minéral.*

ALLERGENS: SU, E, M

BORDEAUX, FRANCE
CHÂTEAU CISSAC

NO: *Tørr, varm, fyldig og robust med balansert og fin, lang fruktig ettersmak.*

DE: *Trocken, warm, voll und kräftig mit einem ausgewogenem, langen und feinen Abgang.*

EN: *Dry, warm, rich and sturdy with a nice balance and a fine, long and fruity aftertaste.*

FR: *Sec et chaleureux, il est long et fruité en bouche.*

ALLERGENS: SU

SETUBAL, PORTUGAL
MOSCATEL COLLECCÃO DSF PRIVADA
- J. M. DA FONSECA

NO: *Frisk, kompleks og rik vin med god balanse mellom sødme og syre. Lang, konsentrert og rik ettersmak.*

DE: *Ein frischer, komplexer und voller Wein mit einer guten Balance zwischen Süße und Säure. Langer, konzentrierter und reicher Geschmack.*

EN: *A fresh, complex, rich wine with good balance between sweetness and acidity. Long, concentrated and rich finish.*

FR: *Frais, ce vin est complexe et riche avec un bon équilibre entre sucre et acidité. Long, concentré et riche.*

ALLERGENS: SU

05/2019

LOFOTEN-BUFFET
Mit einer großen Auswahl an warmen und kalten Speisen
BITTE BEACHTEN SIE DIE ALLERGEN-HINWEISSCHILDER AM BUFFET

Karottensuppe
mit Capra-Ziegenkäse von Aalan Gård

Aalan Gård auf den Lofoten ist ein kleines Familienunternehmen, das sich auf die Ziegenhaltung und die Produktion von Käse und Kräutern spezialisiert hat. Sie sind Pioniere auf ihrem Gebiet und haben bereits mehrere Preise für ihre erstklassigen Produkte gewonnen. Die Farm wird von Tove und Knut Åland verwaltet. Neben der Landwirtschaft und der Nahrungsmittelproduktion werden die Einrichtungen auch für Bildungszwecke in Zusammenarbeit mit örtlichen Schulen und als Sommerlager für Jugendliche genutzt.

Brandade mit gegrilltem Stockfisch

Kabeljau spielt in Norwegen eine wichtige Rolle. Der Fisch fühlt sich in den kalten und klaren Gewässern des Nordens so richtig wohl und kann fast das ganze Jahr über gefangen werden. Unter Stockfisch versteht man ungesalzenen Kabeljau, der an der weitläufigen, kalten und windgepeitschten Küste Norwegens an Holzgestellen an der Luft getrocknet und natürlich fermentiert wird.

Steak vom Lamm

Lamm ist aus Norwegen nicht wegzudenken. Geiranger in der Nähe von Ålesund steht auf der UNESCO-Welterbeliste und gilt als eine der schönsten Fjordlandschaften der Welt. Aber hier gibt es mehr als nur die Schönheit der Natur. Die Nähe zu den reichen Nahrungsressourcen in den Fjorden und Bergen bildete die Grundlage für eine steinzeitliche Jäger- und Sammlerkultur aus Jägern, Fallenstellern, Fischern und natürlich Schafzüchtern. Wenn man genau hinsieht, entdeckt man die Schafe an den Hängen der Berge.

Rahmreis mit roter Sauce

Rahmreis, oder „riskrem" auf Norwegisch, ist laut Geschichtsbüchern seit Jahrhunderten ein Teil der norwegischen Küche, wie auch im Rest von Skandinavien. Man könnte argumentieren, dass es sich nur um Haferbrei handelt, allerdings einen besonders cremigen und luxuriösen. Hier in den Nordländern ist es Tradition, am Weihnachtsabend eine Schale Reisbrei auf die Veranda zu stellen, um die hilfreichen kleinen (etwa 15 cm großen) aber auch übellaunigen „Nissen" bei Laune zu halten, die hier zwar leben, aber für die Menschen unsichtbar sind. Falls man dies vergisst, ist es sehr wahrscheinlich, dass das Leben für den Hausbesitzer äußerst unangenehm wird.

Heutiges Zitat: *„Haferbrei ist kein Arme-Leute-Essen. Kein Tisch ist zu groß und kein Tisch ist zu klein, um Haferbrei zu genießen, und Brei-Liebhaber einzuladen, ist absolute Ehrensache." John Moberg (1938–2010)*

ANHANG 4 a

MØTENDE HURTIGRUTESKIP

WE MEET THE FOLLOWING HURTIGRUTEN SHIPS

HURTIGRUTENSCHIFFE DENEN WIR BEGEGNEN

DES NAVIRES DE HURTIGRUTEN QUE NOUS CROISONS

DAG DAY TAG JOUR	NÅR WHEN WANN QUAND	HVOR WHERE WO OÙ	SKIP SHIP SCHIFF BATEAU
2	ca. 05:35	FLORØ - MÅLØY	MS Polarlys (1996)
2	ca. 21:50	ÅLESUND - MOLDE	MS Lofoten (1964)
3	ca. 09:50	TRONDHEIM	MS Richard With (1993)
3	ca. 21:50	RØRVIK	MS Nordnorge (1997)
4	ca. 08:30	NESNA – ØRNES	MS Trollfjord (2002)
4	ca. 20:45	STAMSUND – SVOLVÆR	MS Kong Harald (1993)
5	ca. 07:45	HARSTAD	MS Vesterålen (1983)
5	ca. 21:00	TROMSØ – SKJERVØY	MS Midnatsol (2003)
6	ca. 08:20	HAMMERFEST - HAVØYSUND	MS Nordlys (1994)
6	ca. 22:00	BERLEVÅG	MS Nordkapp (1996)
7	ca. 22:00	BERLEVÅG	MS Polarlys (1996)
8	ca. 08:20	HAVØYSUND – HAMMERFEST	MS Lofoten (1964)
8	ca. 21:00	SKJERVØY – TROMSØ	MS Richard With (1993)
9	ca. 07:45	HARSTAD	MS Nordnorge (1997)
9	ca. 20:45	SVOLVÆR – STAMSUND	MS Trollfjord (2002)
10	ca. 08:30	ØRNES – NESNA	MS Kong Harald (1993)
10	ca. 21:50	RØRVIK	MS Vesterålen (1983)
11	ca. 09:50	TRONDHEIM	MS Midnatsol (2003)
11	ca. 21:50	MOLDE - ÅLESUND	MS Nordlys (1994)
12	ca. 05.35	MÅLØY - FLORØ	MS Nordkapp (1996)

MS FINNMARKEN

Fra / From / Ab	Til / To / Nach	Nautiske mil Nautical miles Seemeilen	Kilometer Kilometres Kilometer
Bergen	Florø	88	163
Florø	Måløy	28	52
Måløy	Torvik	39	72
Torvik	Ålesund	15	28
Ålesund	Molde	35	65
Molde	Kristiansund	48	89
Kristiansund	Trondheim	91	169
Trondheim	Rørvik	125	232
Rørvik	Brønnøysund	46	85
Brønnøysund	Sandnessjøen	36	67
Sandnessjøen	Nesna	15	28
Nesna	Ørnes	51	94
Ørnes	Bodø	39	72
Bodø	Stamsund	55	102
Stamsund	Svolvær	20	37
Svolvær	Stokmarknes	35	65
Stokmarknes	Sortland	15	28
Sortland	Risøyhamn	18	33
Risøyhamn	Harstad	27	50
Harstad	Finnsnes	44	81
Finnsnes	Tromsø	37	69
Tromsø	Skjervøy	53	98
Skjervøy	Øksfjord	45	83
Øksfjord	Hammerfest	41	76
Hammerfest	Havøysund	37	69
Havøysund	Honningsvåg	28	52
Honningsvåg	Kjøllefjord	29	54
Kjøllefjord	Mehamn	26	48
Mehamn	Berlevåg	36	67
Berlevåg	Båtsfjord	23	43
Båtsfjord	Vardø	39	72
Vardø	Vadsø	42	78
Vadsø	Kirkenes	24	44
TOTAL:		= 1330	= 2465

Bergen – Kirkenes (incl. Geiranger): 2687 km
Bergen – Kirkenes (excl. Geiranger): 2465 km

Bergen – Kirkenes – Bergen (incl. Geiranger): 4871 km
Bergen – Kirkenes – Bergen (excl. Geiranger): 4649 km ↩

Bergen – Kirkenes – Trondheim (incl. Geiranger): 4234 km
Bergen – Kirkenes – Trondheim (excl. Geiranger): 4012 km

ANHANG 5

MIDNATTSSOL OG MØRKETID
MIDNIGHT SUN AND ARCTIC NIGHTS
MITTERNACHTSONNE UND POLARNÄCHTE

STED PLACE ORT	MIDNATSSOL MIDNIGHT SUN MITTERNACHTSONNE			MØRKETID ARCTIC NIGHTS POLARNÄCHTE	
	Øvre rand Upper edge Obere Rand	Hele sola The whole sun Die ganze Sonne	Øvre rand Upper edge Obere Rand	Mørketid fra Arctic night from Polarnacht ab	Sola tilbake The sun returns Rückkehr Sonne
Polarsirkelen Arctic Circle/Polarkreis	05. juni	12. juni - 01. juli	06. juli	-------	-------
Bodø	31. mai	4. juni - 8. juli	12. juli	-------	-------
Svolvær	25. mai	28. mai - 14. juli	18. juli	7. des.	05. januar
Harstad	22. mai	25. mai - 18. juli	21. juli	2. des.	10. januar
Bardufoss	20. mai	23. mai - 19. juli	22. juli	30. nov.	12. januar
Andenes	19. mai	22. mai - 21. juli	23. juli	29. nov.	13. januar
Tromsø	18. mai	20. mai - 22. juli	25. juli	27. nov.	15. januar
Alta	16. mai	19. mai - 24. juli	26. juli	25. nov.	17. januar
Vardø	15. mai	17. mai - 26. juli	28. juli	23. nov.	19. januar
Hammerfest	13. mai	16. mai - 27. juli	29. juli	22. nov.	20. januar
Berlevåg	13. mai	15. mai - 28. juli	30. juli	21. nov.	21. januar
Nordkapp North Cape	11. mai	14. mai - 29. juli	31. juli	20. nov.	22. januar
Jan Mayen	12. mai	14. mai - 28. juli	30. juli	20. nov.	21. januar
Bjørnøya	30. april	1. mai - 10. aug.	12. aug.	07. nov.	04. feb.
Hopen	23. april	25. april - 17. aug.	18. aug.	31. okt.	10. feb.
Svea Svalbard/Spitsbergen	19. april	21. april - 21. aug.	23. aug.	27. okt.	15. feb.
Barentsburg Svalbard/Spitsbergen	19. april	20. april - 21. aug.	23. aug.	26. okt.	15. feb.
Longyearbyen Svalbard/Spitsbergen	18. april	20. april - 22. aug.	24. aug.	26. okt.	16. feb.
Pyramiden Svalbard/Spitsbergen	17. april	19. april - 23. aug.	25. aug.	25. okt.	17. feb.
Ny-Ålesund Svalbard/Spitsbergen	16. april	18. april - 24. aug.	25. aug.	24. okt.	18. feb.
Magdalenafjorden Svalbard/Spitsbergen	14. april	16. april - 26. aug.	27. aug.	22. okt.	19. feb.
Rossøya Svalbard/Spitsbergen	11. april	12. april - 29. aug.	31. aug.	19. okt.	23. feb.
Nordpolen North Pole	18. mars	20. mars - 23. sept.	24. sept.	25. sept.	18. mars

UTFLUKTER
NORDGÅENDE

AUSFLÜGE
AUF DER HINFAHRT

MS FINNMARKEN

EXCURSIONS
NORTHBOUND

EXCURSIONS
SUR LA MONTÉE

PORT	DATE	NO.	TIME	NORTH	NOK
Urke	8.10.19	2F	12:15 - 15: 45	A taste of Norway / BOAT & BUS	1150
Urke	8.10.19	2G	12:15 - 15: 45	Mountain hike in the Hjørundfjord / HIKE	990
Urke	8.10.19	2H	12:15 - 15: 45	Hike with a visit to a shieling / HIKE	990
Urke	8.10.19	2J	12:45 - 19:20	Hjørundfjord, Geiranger and Ålesund / FERRY & BUS	2590
Ålesund	8.10.19	2E	17:50 - 19:20	Art Nouveau walk / WALK	570
Trondheim	9.10.19	3B	11:00 -13:00	Trondheim and Nidaros Cathedral / BUS	970
Trondheim	9.10.19	3D	10:00 - 13:00	Trondheim city walk / WALK	970
Trondheim	9.10.19	3I	10:30 - 13:00	The northernmost Tramride in the world / BUS & TRAM	1190
Trondheim	9.10.19	3G^2	10:15 - 12:45	Kayaking on the river Nid / KAYAKING	1240
Trondheim	9.10.19	3X	10:00 - 13:00	Forest hike with Expedition Team / HIKE	795
Bodø	10.10.19	4B	12:40 - 14:50	Arctic coastal walk / WALK	970
Bodø	10.10.19	4C	12:40 - 14:50	Experience Bodø and Saltstraumen / BUS	970
Bodø	10.10.19	4D	12:40 - 14:50	RIB Safari to Saltstraumen / RIB-BOAT	1590
Bodø	10.10.19	4X	12:40 - 14:50	Mountain hike in Bodø with Expedition Team / HIKE	795
Stamsund	10.10.19	4F	19:00 - 21:50	Meet the Vikings Summer / BUS Stamsund > Svolvær	1650
Svolvær	10.10.19	4H	21.00 - 22.00	Lofotpils Brewery / Walk	450
Tromsø	11.10.19	5A^1	14:15 - 18:00	The Arctic Capital Tromsø / BUS	1520
Tromsø	11.10.19	5C	14:15 - 18:00	Scenery and huskies / BUS	1060
Tromsø	11.10.19	5X	14:15 - 18:00	Mountain hike in Tromsø with Expedition Team / HIKE	795
Honningsvåg	12.10.19	6A	11:15 - 14:30	The North Cape / BUS	1740
Honningsvåg	12.10.19	6F^2	11:15 - 14:30	The North Cape EXCLUSIVE / PRIVATE BUS	2990
Honningsvåg	12.10.19	6H	11:15 - 14:30	Fishing village visit / BUS	1190
Honningsvåg	12.10.19	6X	11:30 - 14:00	Mountain hike in Honningsvåg / HIKE	500
Kjøllefjord	12.10.19	6E	17:00 - 19:30	Sámi Autumn / BUS	1100
Kirkenes	13.10.19	7A^1	09:15 - 12:00	The Russian border / BUS	1170
Kirkenes	13.10.19	7H	09:15 - 12:00	King Crab expedition / BUS	1750
Kirkenes	13.10.19	7X	09:30 - 12:00	Nature walk in Kirkenes with Expedition Team / HIKE	500
Kirkenes	13.10.19	7T	09.15 - 09.30	Kirkenes City center / BUS (pay on bus)	60 t/r
Kirkenes	13.10.19	7T	09.15 - 09.45	Kirkenes Airport / BUS	132

ANLAGE 6 b

UTFLUKTER
SØRGÅENDE

AUSFLÜGE
AUF DER RÜCKFAHRT

MS FINNMARKEN

EXCURSIONS
SOUTHBOUND

EXCURSIONS
SUR LA DESCENTE

PORT	DATE	NO.	TIME	SOUTH	NOK
Hammerfest	14.10.19	8B	10:45 - 12:40	The northernmost town in the world / BUS	910
Hammerfest	14.10.19	8G	10:45 - 12:40	Mountain hike in Hammerfest / HIKE	970
Tromsø	14.10.19	8C[1]	23:45 - 01:15	Midnight concert in the Arctic Cathedral / BUS	820
Harstad	15.10.19	9A[1]	08:00 - 12:30	Vesterålen panorama / BUS Harstad > Sortland	1190
Harstad	15.10.19	9X	08:00 - 12:30	Hike with the Expedition Team /HIKE	1190
Tendering	15.10.19	9C	16:20 - 18:30	Sea Eagle safari / BOAT Raftsund > Svolvær	1640
Svolvær	15.10.19	9F	18:30 - 20:30	Discover a fishing village / BUS	940
Svolvær	15.10.19	9D	18:30 - 22:20	Lofoten by horse / BUS & HORSE Svolvær > Stamsund	1740
Brønnøysund	16.10.19	10C	15:00 - 17:25	Visit the salmon / BUS	1120
Brønnøysund	16.10.19	10D	15:00 - 17:25	Hike to Mount Torghatten / HIKE	990
Trondheim	17.10.19	11A	07:20 - 09:30	Trondheim and Nidaros Cathedral / BUS	970
Trondheim	17.10.19	11B	07:20 - 09:20	The hidden rooms of the Nidaros cathedral / BUS	1890
Trondheim	17.10.19	11X	07:20 - 09:30	Coastal walk with Expedition Team / HIKE	795
Trondheim	17.10.19	11T	07.40 - 07.50	Trondheim railway station / BUS	155
Trondheim	17.10.19	11T	08.30 - 09.10	Trondheim airport / BUS	290
Kristiansund	17.10.19	11E	16:45 - 21:15	Bergtatt - magnificent marble mine / BUS	1890
Bergen	18.10.19	12A	14:45 - 16:45	Bergen city sightseeing / BUS	690
Bergen	18.10.19	12T	14.45 - 15.30	Bergen Airport / BUS	280
Bergen	18.10.19	12T	14.45 - 15.30	Bergen Hotels / BUS	165

[1]: 5% rabatt for Ambassadør-medlemmer / 5% discount for members of the Ambassador Program / 5% Rabatt für Mitglieder des Ambassadorprogramms.

[2]: begrensede plasser / limited places / beschränkte Anzahl Plätze / places limités

Vennligst merk at påmelding er bindende og at ikke-benyttede billetter ikke refunderes.
Please notice that your booking is binding and that tickets not will be refunded.
Beachten Sie bitte, dass Ihre gebuchten Ausflüge bindend sind, und nicht erstattet werden.
S'il vous plaît assurez-vous que vos excursions réservées sont obligatoires et non remboursables.

Bücher von Helmut Kropp

Im Buchhandel erhältlich:

Immer am Gleis- Bahnfahren in Europa und Amerika
Format 14,8 x 21 cm   148 S. ws 90g Paperback
36 Farbseiten Ladenpreis 13,99 EUR ISBN 978-3-7347-43665

Beiträge zur Telekommunikation
Format 14,8 x 21 cm 132 S, ws 90g Paperback
Ladenpreis 19,90 EUR ISBN   978-3-7347-78884-1

Kreuzfahrer Mit AIDA, COSTA und MSC auf See
Format 14,8 x 21 cm 108 S. ws 90g Paperback
59 Farbseiten   Ladenpreis 12,99 EUR ISBN 978-3-7386-4190

Orgelreisen
Format 14,8 x 21 cm 152 S. 90g Paperback
107 Farbseiten Ladenpreis EUR 19,00 ISBN 978-3-3920-1139

Abenteuer Bauernhof – Leben in der Minkenmühle
Format 14,8 x 21 cm 80 S. 90g Paperback
29 Farbseiten Ladenpreis EUR 8,99 ISBN 9783839141379

Erlebnisreisen nach Ost und West
Format 14,8 x 21 cm 134 S. 90g Paperback
107 Farbseiten Ladenpreis EUR 19,99   ISBN 9783743125124

Das Perlmooser Zementwerk Rodaun
Format 15,5 x 22 cm,   84 S. 90g Paperback
12 Farbseiten   Ladenpreis EUR 15,99   ISBN 9783748193487

Erhältlich beim Autor: Postfach 401063 80710 München:

Im Olympischen Dorf München und seiner Umgebung
Format 14,8 x 21 cm 64 S. ws90g Paperback 2.Aufl.
EUR 5,00

Im Kollegium Kalksburg 1948-55 1.Teil
Format 14,8 x 21 cm 136 S. ws 90g Paperback
EUR 10,00

Im Kollegium Kalksburg 1948-55 2.Teil
Format 14,8 x 21 cm 68 S. ws 90g Paperback
EUR 5,00

Gesammelte Werke 1950-1955
Format 14,8 x 21 cm 24 S. ws 90g Paperback
EUR 5,00

60 Jahre Beruf (1955-2015)
Format 14,8 x 21 cm 168 S. ws 90g Paperback
11 Farbseiten EUR 15,00

Der Funkamateur OE3UK 1955-1980
Format 14,8 x 21 cm 168 S. ws 90g Paperback
47 Farbseiten   EUR 18,00

Als man noch Briefe schrieb
Nostalgie der schriftlichen Individualkommunikation
Format 14,8 x 21 cm 80 Seiten ws 90g Paperback
EUR 5,00

Bei den Schulbrüdern in Wien XVIII . Währing
1946 -1948 2.Aufl.
Format 14,8 x 21 cm 26 S. ws 90g Paperback
EUR 3,00

Liturgie gestern – Erinnerungen
Format 14,8 x 21 cm 29 S. ws 90g Paperback
3 Farbseiten EUR 5,00

Der Autor:

Helmut Kropp Jg.1937 ist Dipl.Ing.der Nachrichtentechnik. Nach Volksschule in Tullnerbach, Klösterle und Wien besuchte er das Realgymnasium des Kollegium Kalksburg.

Nach dem Studium an der Technischen Hochschule in Wien war er bei den Firmen Philips, Schlumberger Meßgerätebau, Telenorma und EMA Aach beschäftigt.

Mit der eigenen Firma BATELCO GmbH war Helmut Kropp als Geschäftsführer und Gesellschafter von 1980 bis 2012 tätig.

Seitdem befasst er sich mit dem Verfassen von Reiseberichten, nostalgischen Einblicken und auch noch mit Fachthemen der Telecommunication

---

FSC
www.fsc.org
MIX
Papier aus ver-
antwortungsvollen
Quellen
Paper from
responsible sources
FSC® C105338